新开挖的脐橙栽植沟

脐橙幼树用机械开挖扩穴沟

脐橙幼树适量挂果状

撑枝调整脐橙幼树主枝角度

丰产脐橙园

果园生草

用稻草覆盖幼龄脐橙树防冻

脐橙夏剪“三去一”抹梢

脐橙一果二剪采摘

脐橙果实分级打蜡

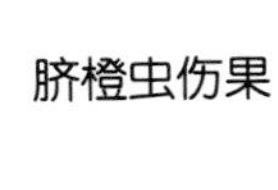

脐橙虫伤果

脐橙溃疡病果实

脐橙脐黄果

脐橙裂果

冰雪危害脐橙果实状

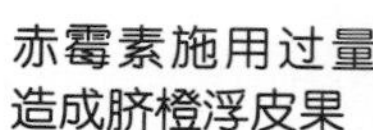

赤霉素施用过量
造成脐橙浮皮果

脐橙栽培关键技术与疑难问题解答

陈　杰　编著

金 盾 出 版 社

内 容 提 要

本书由江西省赣州市农业学校陈杰编著。全书以问答形式，对脐橙栽培关键技术与生产中存在的疑难问题进行了解答。内容包括：脐橙苗木繁育技术、建园技术、土肥水管理技术、整形修剪技术、花果管理技术、病虫害防治技术、果实采收与采后处理技术、防灾抗灾技术等，并附有脐橙果园草害防治、农药的稀释方法、脐橙园机械与使用等内容。本书内容全面系统，技术科学实用，文字通俗易懂，适合广大果农、基层农业技术推广人员及农林院校师生阅读参考。

图书在版编目(CIP)数据

脐橙栽培关键技术与疑难问题解答/陈杰编著．—北京：金盾出版社，2014.7(2019.2 重印)
ISBN 978-7-5082-9424-7

Ⅰ.①脐… Ⅱ.①陈… Ⅲ.①橙子—果树园艺—问题解答 Ⅳ.①S666.4-44

中国版本图书馆 CIP 数据核字(2014)第 093322 号

金盾出版社出版、总发行
北京市太平路 5 号(地铁万寿路站往南)
邮政编码:100036　电话:68214039　83219215
传真:68276683　网址:www.jdcbs.cn
北京军迪印刷有限责任公司印刷、装订
各地新华书店经销
开本:850×1168 1/32　印张:6.875　彩页:4　字数:160 千字
2019 年 2 月第 1 版第 4 次印刷
印数:13 001～16 000 册　定价:21.00 元

目 录

一、脐橙苗木繁育技术

（一）关键技术

1. 如何规划脐橙苗圃地？

脐橙苗圃的规划要因地制宜，合理安排道路、排灌系统和房屋建筑，充分利用土地，提高苗圃利用率。根据育苗的多少，可分为专业大型苗圃和非专业苗圃。

（1）专业大型苗圃的规划

①管理用地　管理用地依据果园规划，本着经济利用土地，便于生产和管理的原则，合理配置房屋、温室、工棚、肥料池、休闲区等生活及工作场所。

②道路、排灌设施　道路规划应结合区划进行，合理规划干道、支路、小路等道路系统，既要便于交通运输，适应机械操作要求，又要经济利用土地。排灌设施结合道路和地形统一规划修建，包括引水渠、输水渠、灌溉渠、排水沟组成排灌系统，两者要有机结合，保证涝时能排水，旱时能灌溉。

③生产用地　专业性苗圃生产用地由母本区、繁殖区、轮作区组成。母本区又称采穗圃，栽培优良品种，提供良种接穗。母本园的主要任务，是提供繁殖苗木所需要的接穗，接穗的繁殖材料以够用为原则，以免造成土地浪费，如果这些繁殖材料在当地来源方便，又能保证苗木的纯度和性状，无检疫性病虫害，则可不设母本区。繁殖区又称育苗圃，是苗圃规划的主要内容，应选用较好的地

段。根据所培育苗木的种类可将繁殖区分为实生苗培育区和嫁接苗培育区。前者用于播种砧木种子，提供砧木苗；后者用于培育嫁接苗，前者与后者的面积比例为1∶6。为了耕作方便，各育苗区最好结合地形按长方形划分，一般长度不少于100米，宽度为长度的1/3～1/2。如果受立地条件限制，形状可以改变，面积可以缩小。同树种、同龄期的苗木应相对集中安排，以便于病虫防治和苗木管理。轮作区是为了克服连作障碍、减少病虫害而设的。同一种苗木连作，会降低苗木的质量和产量，故在分区时要适当安排轮作地。一般情况下，苗圃地不可连续育果苗，育同种果苗需间隔2～3年，不同种果苗间隔时间可短些，生产中可选用豆科、薯类等作物进行1～2年轮作。

(2)非专业苗圃的规划　非专业苗圃一般面积比较小，育苗种类和数量均较少，一般不进行区划，可以畦为单位，分别培育不同树种、品种的苗木。

2. 如何选择脐橙砧木？

脐橙砧木应选择亲和性强，嫁接成活率高；根系发达，生长迅速；耐瘠薄，对当地气候、土壤有良好的适应性；抗逆性强，尤其是对当地主要病虫害有较强的抵抗力；种子来源广，便于大量繁殖。脐橙常用砧木有枳和枳橙。

(1)枳　枳又名枳壳，是脐橙嫁接繁殖用的主要砧木。属落叶性灌木或小乔木，叶片为3片小叶组成的掌状复叶。枳耐寒性极强，能耐－20℃低温。抗病力强，对脚腐病、衰退病、溃疡病和线虫病等有抵抗力。嫁接脐橙成活率高，表现早结果、早丰产，矮化或半矮化，耐寒、耐涝、耐旱，适于酸性土壤，但不耐盐碱。是良好的矮化脐橙砧，特别是小叶大花枳更佳。

(2)枳橙　枳橙是枳与橙类的杂交种。属半落叶性小乔木，同株叶片有单身复叶和2～3片小叶组成的复叶，种子多胚。嫁接后

树势强，根系发达，生长快，易形成树冠，早结丰产，而且耐旱、耐寒，抗脚腐病及衰退病。用枳橙作脐橙砧木，适应较宽的株行距，是稀植脐橙园采用的优良砧木。目前，优良的枳橙品种有卡里左、特洛亚等。

3. 怎样进行脐橙苗圃整地？

脐橙苗圃地应于播种前1个月耕翻（耕深25～30厘米）晒白，犁耙2～3次，耙平耱细，清除杂草。在最后1次犁耙地时，每667米^{2}撒施腐熟猪、牛粪或堆肥2 000千克、过磷酸钙20千克、石灰50千克。为防治地下害虫，每667米^{2}用2.5%辛硫磷粉剂2千克、细土30千克，混合拌匀后在播种时撒入田内并耙入土中。也可每667米^{2}用5%辛硫磷颗粒剂1～1.5千克，与细土30千克拌匀，在播种前均匀撒施于苗床上。播种园苗床做成宽80～100厘米、高20～25厘米的畦；嫁接园苗床做成宽60～80厘米、高20～30厘米（低洼地、水田高25～30厘米）的畦。畦沟宽25～30厘米，成畦后把畦面耙平耙细，起浅沟播种。为了抑制小苗主根生长，促进侧根生长，提高移栽成活率，做苗床时最好在底部铺上塑料薄膜，在薄膜上铺肥沃的园土（高15～20厘米），每667米^{2}用肥沃土壤5 000千克和腐熟的牛粪、猪粪500～1 000千克，与园土拌匀，整成苗床，便可以起浅沟播种。

4. 如何建立脐橙良种母本园？

脐橙苗木的培育，首先应建立良种母本园，良种应选择当地推广的优良品种。母本园的主要任务是提供繁殖苗木所需要的接穗，即提供纯度高、数量多的良种接穗，供育苗繁殖之用。

（1）母本园良种来源　母本园的良种苗木，必须来自种性典型、树体强健、优质丰产的植株。新选育的良种，最好来自原始母树。外地引进的良种，应先进行隔离种植鉴定2～3年，确认无检疫性病害后，再引进种植。母本园的良种也可选自品种纯度较高的生产园，但必须经专家鉴定，并除去园中混杂的退化株或不典型株，方能用于母本园。

(2)建立砧木母本园　为了克服目前脐橙砧木种子生产多数处于自然分布、自由采集的混乱局面，必须建立砧木母本园，以保证砧木种子纯度和质量。

(3)建立母本园田间档案　对脐橙接穗母本园和砧木良种母本园中的每一个单株，都应该画好定植图，记载生长和结果情况。发现弱树、混杂树、退化树和劣变树等，应及时淘汰和替补，始终保持母本园品种的高度纯正。

5. 怎样采集脐橙砧木种子？

先把成熟的砧木果实采摘下来，堆放在棚下或背阴处，也可将果实放入容器内，进行堆沤，使果肉软化。堆沤期间要注意经常翻动，使堆温保持 25℃～30℃，堆温超过 30℃易使种子失去生活力。堆沤 5～7 天后，果肉软化时装入箩筐，用木棒搅动揉碎，加水冲洗，捞去果皮、果肉后加入少量草木灰或纯碱轻轻揉擦，除去种皮上的残肉和胶质，然后用水彻底洗干净，再放入 0.1％高锰酸钾溶液或 40％甲醛 200 倍液浸泡 15 分钟，取出后立即用清水冲洗干净，放置通风处阴干，即可播种。如暂不播种，则可将种子放在竹席上摊开，置阴凉通风处阴干，经 2～3 天种皮发白即可贮藏。枳种以含水量 25％为宜。

6. 脐橙砧木种子怎样进行贮藏？

脐橙砧木种子一般采用沙藏法进行贮藏。沙藏层积时，可用 3～4 倍种子量的干净河沙与种子混合贮藏，湿度以手轻捏成团，松手即散为宜，表明河沙含水量为 5％～10％；若用手捏成团，松手碎裂成几块，表明河沙水分太多，容易烂种。

种子数量较少时，可在室内层积。方法是用木箱、桶等作层积容器，先在底部放入一层厚 5～10 厘米的湿沙，将准备好的种子与湿沙按比例均匀混合后，放在容器内，表面再覆盖一层厚 5～10 厘米的湿沙，将层积容器放在 2℃～7℃的室内，并经常保持沙的湿润状态。有条件的可将种子装入塑料袋，置于冰箱冷藏室中，温度控制在 3℃～5℃，相对湿度以 70%为宜(图 1-1)。

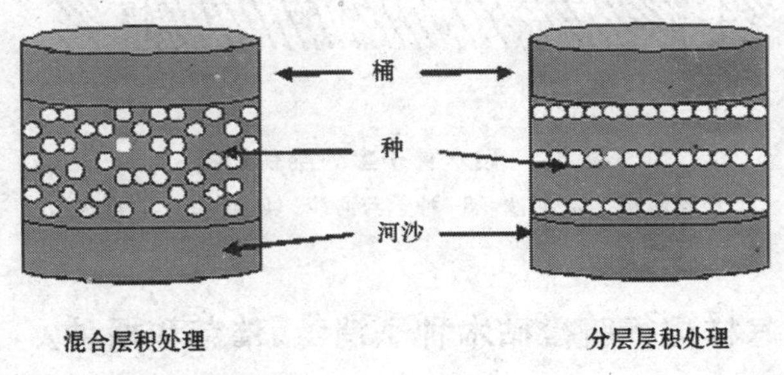

图 1-1 砧木种子室内层积贮藏

种子数量较多时，在冬季较冷的地区，可在室外挖沟层积。方法是选干燥、背阴、地势较高的地方挖沟，沟的深、宽均为 50～60 厘米，长短可随种子的数量而定。沟挖好后，先在沟底铺一层厚 5～10 厘米湿沙，把种子与湿沙按比例混合均匀放入沟内(或将湿沙与种子相间层积，层积厚度不超过 50 厘米)，最上面覆一层厚 5～10 厘米湿沙(稍高出地面)，然后覆土呈土丘状，以利排水，同时加盖薄膜或草苫以利于保湿。种子数量较多，在冬季不太寒冷的地区，可在室外地面层积。方法是先在地面铺一层厚 5～10 厘米湿沙，将种子与湿沙按比例充分混合后堆放其上，堆的厚度不超过 50 厘米，在堆上再覆一层厚 5～10 厘米湿沙，最后在沙上盖塑料薄膜或草苫，以利保湿和遮雨。周边用砖压紧薄膜或干麻袋，以

防鼠害(图 1-2)。通常 7～10 天检查 1 次,使河沙含水量保持在 5%～10%,避免河沙过干或过湿。

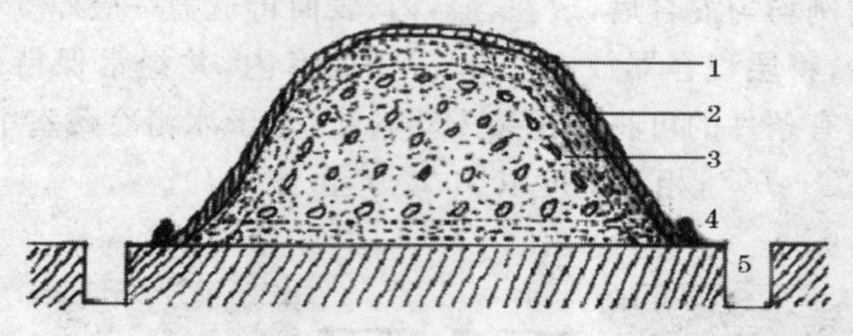

图 1-2　砧木种子室外层积贮藏

1. 塑料薄膜　2. 河沙　3. 种子与河沙　4. 砖块　5. 排水沟

7. 怎样进行脐橙砧木种子消毒、催芽和播种?

(1)消毒处理　播种前用药剂处理可杀灭附着在砧木种子表面的病原菌。方法是先将种子用清水浸泡 3～4 小时,再放到药液中进行处理,处理后需用温和清水冲洗干净。用 0.1%高锰酸钾溶液浸泡 20～30 分钟,可以防治病毒病;用硫酸铜 100 倍溶液浸泡 5 分钟,可防治炭疽病和细菌性病害;用 50%多菌灵可湿性粉剂 500 倍溶液浸泡 1 小时,可以防治枯萎病。

(2)催芽　对脐橙砧木种子进行催芽,可使萌发率提高至 95%左右,而不经催芽直接播种时萌发率仅为 60%～75%。催芽方法:选一块平整的土地,在上面堆 3～5 厘米厚的湿沙,把洗净的种子单层不重叠平放在沙面上,在种子上面盖 5 厘米厚的稻草或 1～2 厘米厚的细沙,注意淋水,保持河沙湿润。经 3～4 天,当种子胚根长至 0.5 厘米左右时,即可拣出播种。催芽期间每隔 1～2 天检查 1 次种子萌芽情况,把适宜播种的发芽种子及时拣出播种。此外,还可用 1 份种子加 2～3 份细沙混合后喷水堆积的方法催

芽。堆积厚度以20～40厘米为宜，细沙的含水量保持在5%～8%，温度控制在25℃左右，2～3天后种子即可萌发。温度超过30℃时，种子萌发能力会大大下降，超过33℃时种子几乎丧失萌发能力。催芽期间要控制细沙含水量，水分过多易引起种子发霉、烂芽。如不能马上播种，将细沙含水量控制在1%～2%，堆放在阴凉处，可保存15～20天。催芽后的种子要及时播种，否则胚芽容易折断，出芽率会降低。

(3)播种　脐橙砧木播种，最好采用单粒条播。一是稀播。不用分床移栽，砧木苗生长快，较快达到嫁接要求。播种株距12～15厘米、行距15～18厘米，每667米^{2}播种量40～50千克、砧木苗2万多株。二是密播。播种株行距8厘米×10厘米，每667米^{2}播种量60～80千克。翌年春季进行分床移植，移栽后株行距10厘米×20厘米，每667米^{2}砧木苗3万多株。已催芽的种子播种时用手将种子压入土中，种芽向上；未催芽的种子可用粗圆木棍滚压，使种子和土壤紧密接触，然后用火土灰或沙覆盖，厚度以看不见种子为度。最后盖上一层稻草、杂草或覆盖遮阳网，浇透水。

也可采用撒播法，即将种子均匀撒在畦面，每667米^{2}播种量50～60千克。撒播前，先将播种量和畦数的比例估算好，做到每畦播种量相等，防止过密或过稀。此法省工，土地利用率高，出苗数多，苗木生长均匀。但是施肥及管理不便，苗木疏密不匀，需要进行间苗或移栽。

8. 脐橙砧木苗管理包括哪几方面？

脐橙砧木苗管理主要包括以下几个方面。

(1)揭去覆盖物　种子萌芽出土后，及时除去覆盖物。通常在种子拱土、幼苗出土率达五六成时，撤去一半覆盖物；幼苗出土率八成时，揭去全部覆盖物，以保证幼苗正常生长。

(2)淋水　注意苗木土壤湿度的变化，如发现表土过干，影响

种子发芽出土时，要适时喷淋水，使表土经常保持湿润状态，为幼苗出土创造良好条件。忌大水漫灌，以免使表土板结，影响幼苗正常出土。

(3)间苗移栽　幼苗2～3片真叶时，密度过大的应进行间苗移栽。间掉病苗、弱苗和畸形幼苗，对生长正常而又过密的幼苗进行移栽。移栽前2～3天要浇透水，以便于挖苗。挖苗时注意尽量多带土，少伤侧根，主根较长的应剪去1/3，以促进侧根生长。最好就近间苗移栽，随挖随栽，栽后及时浇水。播种时采用密植的，可待春梢老熟后进行分床移植，通过分床可进一步把幼苗按长势和大小分级移栽，便于管理。移栽后的株行距为12～15厘米×15厘米，每667米^{2}可移栽11 000～12 000株。小苗移栽时，栽植深度应保持在播种园的深度(秧苗上有明显的泥土痕迹)，切忌太深。移栽后，苗床保持湿润，1个月后苗木恢复生长，开始施稀薄人粪尿，每月施肥2次，其中1次每667米^{2}施三元复合肥20千克。

(4)除草与施肥　幼苗出齐后，注意及时除草、松土，保持土壤疏松无杂草，有利于幼苗健壮生长。以后注意浇水保持畦面湿润，同时进行培土覆盖暴露的种核。当幼苗长出3～4片真叶时，开始浇施1∶10的稀薄腐熟人粪尿，每月2次。在幼苗生长期每月每667米^{2}还可追施尿素15千克、三元复合肥10～15千克。11月下旬停止施肥，以免抽冬梢，直到翌年春后再施肥。生产中应及时防治危害新梢嫩叶和根部的害虫。

(5)除萌蘖　及时除去砧木基部5～10厘米的萌蘖，保留1条壮而直的苗木主干。注意确保嫁接部位光滑，便于嫁接操作。

9. 怎样采集与贮藏脐橙接穗？

脐橙春季嫁接所用接穗，可结合冬季修剪时采集，但采集时间最迟不能晚于母株萌芽前2周。采后剪去叶片(仅留叶柄)，每100枝捆成1捆，标明品种，用湿沙贮藏，以防失水丧失生活力。

沙藏时，选择含水量5%～10%的干净无杂质河沙，以手握成团而无水滴出，松手后又能松散为好。将接穗捆放入沙中，捆间用河沙间隔，表面覆盖薄膜保湿。每7～10天检查1次，注意调整河沙湿度。也可用石蜡液(80℃)快速蘸封接穗，然后用塑料布包扎好，存放于冰箱中备用。

脐橙生长季节嫁接所用接穗，可就近采集随采随接，一般在清晨或上午采集，成活率高。接穗采集后立即剪去叶片(仅留叶柄)及生长不充实的梢端，以减少水分蒸发。将下端插入水或湿沙中，贮放于阴凉处，喷水保湿，使枝条尽可能地保持新鲜健壮。如接穗暂时不用，须用湿布和苔藓保湿，量多时可用沙藏或冷库贮藏。

10. 脐橙嫁接育苗方法有哪几种?

脐橙嫁接育苗主要嫁接方法有切接法、芽接法和腹接法。

(1)切接法　脐橙切接法嫁接育苗所用接穗有多芽的，也有单芽的，各地大多采用单芽切接法。嫁接时间为2月下旬至4月中旬。接穗采用上年的1年生枝条，应在春芽尚未萌发前剪取。操作时，先将接穗下端稍带木质部处削成具有1～2个芽的平直光滑、长1～2厘米的平斜削面，在与顶芽相反方向的下端，即在另一面削成45°的短削面，然后剪断。在离地面5～10厘米处，剪去砧木苗上部，于削面稍带木质部处垂直向下切长1～2厘米的切口，然后，将接穗长削面靠砧木多的一边插下。插入时注意使砧、穗的形成层至少有一侧对齐，然后用长25～30厘米、宽1.5～2厘米的塑料薄膜带绑缚即可(图1-3)。

(2)芽接法　又称盾状芽接法，即"T"形芽接法。嫁接时间为8月中旬至10月上旬。接穗采用当年生长充实的春梢和秋梢。操作时，先在砧木离土面高10～15厘米处横切一刀，长度约为1.5厘米，再从横切口中央，用刀尖在砧木比较光滑的一面，垂直向下划1条与接穗芽片等长的纵切口，长度约为2厘米，形成"T"

形，深达木质部，然后用刀尖将切口上端皮层向左右两边轻轻挑起，在接穗枝条上取1个单芽，插入切口皮层下，用塑料薄膜带露芽紧密包扎(图1-4)。

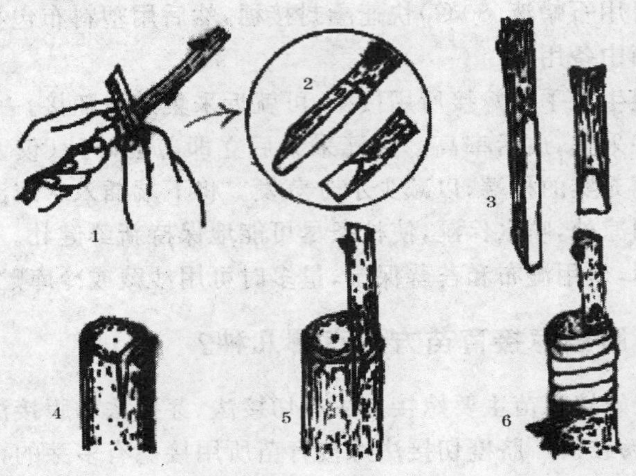

图1-3　切接法

1. 削取接穗　2. 接穗削面　3. 接穗
4. 砧木切口　5. 插入接穗　6. 绑穗

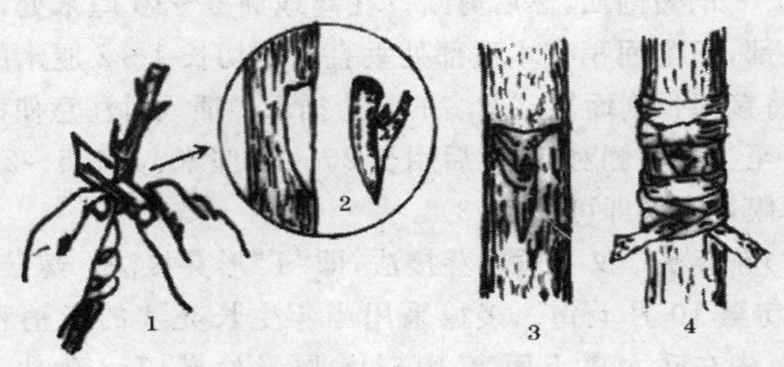

图1-4　"T"形芽接法

1. 削取芽片　2. 取下芽片　3. 插入芽片　4. 绑缚

(3)腹接法　接穗可用单芽,也可用多芽,各地多采用单芽腹接法。嫁接时间为3月份至10月上中旬。接穗采用当年生长充实的新梢。操作时,手倒持接穗,用刀从芽的下方1～1.5厘米处,往芽的上端稍带木质部削下芽片,并斜切去芽下尾尖,芽片长约2厘米。随即在砧木距地面6～15厘米处,选平直光滑的一面,用刀向下纵切一刀,长度约为1.5厘米,不宜太深,稍带木质部即可,横切去切口外皮长度的2/3～1/2。将芽片向下插入切口内,用塑料薄膜绑缚,仅将芽露出即可(图1-5)。

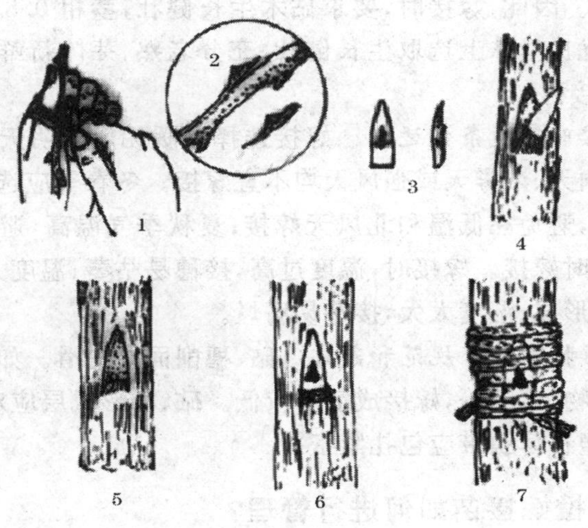

图1-5　腹接法

1. 削取芽片　2. 取下芽片　3. 接芽　4. 切去砧木外皮
5. 砧木接口　6. 插入芽片　7. 绑缚

11. 怎样提高脐橙嫁接成活率?

(1)选择亲和力强的砧、穗组合　亲和力是指接穗和砧木经嫁

接能愈合，并能正常生长发育的能力。它反映双方在遗传特性、组织形态结构、生理生化代谢上，彼此相同或相近。砧、穗的亲和性是决定嫁接成活的关键，亲和性强，亲缘关系近的，嫁接成活率高。因此，同品种或同种间进行嫁接，砧、穗亲和性最好；同属异种间嫁接，砧、穗亲和性较好；同科异属间嫁接，砧、穗亲和性较差。但也有例外，如脐橙采用枳作砧木进行嫁接，二者属于同科异属，却亲和性良好。科间嫁接很少有亲和力。

(2)砧、穗质量高　接穗和砧木贮藏养分充足，木质化程度高，嫁接易成活。因此，嫁接时，要求砧木生长健壮，茎粗 0.8 厘米以上；同时在优良母株上选取生长健壮、充分老熟、芽体新鲜饱满的 1 年生枝作接穗。

(3)嫁接时环境条件适宜　嫁接选择温暖无风的阴天或晴天进行最好，雨天、浓雾天或强风天均不宜嫁接。冬春季应选择暖和的晴天嫁接，避免在低温和北风天嫁接；夏秋季气温高，避免在中午阳光强烈时嫁接。嫁接时，温度过高，接穗易枯萎；温度太低，愈伤组织不易形成；湿度太大，接芽易腐烂。

(4)嫁接操作技术规范和熟练　砧、穗削面要平滑。如削面粗糙或夹有污物、尘土等，嫁接成活率较低。砧、穗形成层应对齐，或紧靠一边，塑料薄膜带应包扎紧密。

12. 脐橙嫁接苗如何进行管理?

(1)检查成活与补接　秋季嫁接的在翌年春季检查成活情况，而春季嫁接的在嫁接后 15～20 天即可检查成活情况。即将萌动的接芽呈绿色且新鲜有光泽，叶柄一触即落，即为成活。如果发现接芽失绿、变黄变黑，呈黄褐色，叶柄在芽上皱缩，即为嫁接失败，应及时进行补接。

(2)解除薄膜带松绑　春季嫁接的待新梢老熟后(新梢长25～30 厘米)即可解除薄膜松绑。过早解绑，枝梢易老熟、枯萎或折

断;过迟解绑又妨碍砧、穗增粗生长,最迟不能超过秋梢萌发前,否则薄膜带嵌入砧穗皮层内,会使幼苗黄化或夭折。春季嫁接的当第一次新梢老熟后,用利刀纵划一刀,薄膜条即全部松断。晚秋嫁接的当年不能解绑,翌年春季萌芽前,先从嫁接口上方剪去砧木,然后划破薄膜带,促进接芽萌发。

(3)除芽和除萌蘖　嫁接后如接芽抽出 2 个芽以上,应除去弱芽、歪芽,留下健壮直立芽。砧木上不定芽(又称脚芽)抽发的萌蘖,随时用小刀从基部削掉,以免萌蘖枝消耗养分,影响接芽的正常生长。春季每隔 7～10 天进行 1 次。

(4)及时剪砧　腹接法嫁接的苗木,必须及时剪砧,否则会影响接穗的生长。剪砧方法有一次剪砧和二次剪砧。①一次剪砧。在接芽以上 0.5 厘米处,将砧木剪掉,剪口向接芽背面稍微倾斜,剪口要平滑,以利于剪口愈合和接芽萌发生长。②二次剪砧。第一次剪砧的时间是在接穗芽萌发后,在离接口上方 10～16 厘米处剪断砧木,保留的活桩可作新梢扶直之用;待接芽抽生出 16 厘米左右长时进行第二次剪砧,在接口处以 30°角斜剪去全部砧桩,要求剪口光滑,不伤及接芽新梢,不能压裂砧木剪口。有的地区腹接采用折砧法,在嫁接 3～7 天接芽成活后,离接口上方 3～7 厘米处剪断 2/3～4/5 砧木,只留一些带木质部的皮层连接,把砧木往一边折倒,以促进接芽萌发生长,待新梢老熟后进行第二次剪砧,剪去活桩(图 1-6)。如果接芽萌发后一次性全部剪除砧木,往往会因为过早剪砧,不小心碰断幼嫩的新梢或使接口开裂而导致接穗死亡。

(5)定干整形　在苗圃地定干整形,可培养矮干多分枝的优良树形。①摘心或短截。春梢老熟后,留 10～15 厘米长进行摘心,促发夏梢。夏梢抽出后,只留顶端健壮的 1 条,其余摘除。夏梢老熟后,在 20 厘米处剪断,促发分枝,如有花序应及时摘除,以减少养分消耗,促发新芽。②剪顶与整形。当摘心后的夏梢长至 10～

25 厘米时，在立秋前 7 天剪顶，立秋后 7 天放秋梢。剪顶高度以离地面 50 厘米左右为宜，剪顶后有少量零星萌发的芽，要抹除1～2 次，促使大量的芽萌发至 1 厘米长时，统一放梢。剪顶后，在剪口附近 1～4 个节每节留 1 个大小一致的幼芽，其余的摘除。选留的芽要分布均匀，以促使幼苗长成多分枝的植株。

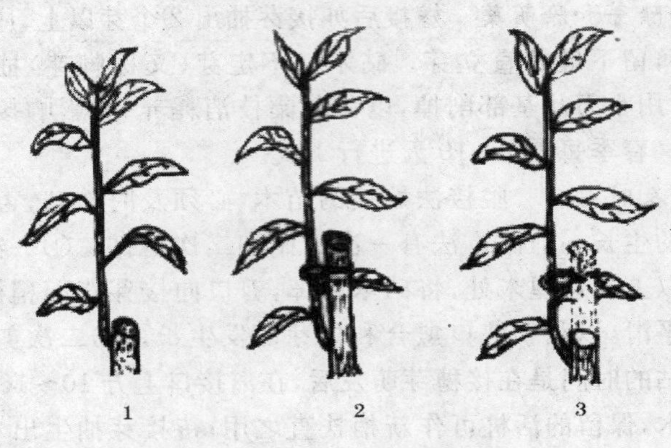

图 1-6 剪 砧

1. 一次剪砧 2. 二次剪砧（保留活桩约 20 厘米长） 3. 剪去活桩

（6）加强苗圃管理 苗圃地要经常中耕除草，疏松土壤。适当控制肥水，做到合理灌水施肥，促使苗木生长。为使嫁接苗生长健壮，可在 5 月下旬至 6 月上旬，每 667 米^2 追施硫酸铵 7.5～10 千克，追肥后浇水。施肥以勤施薄施为原则，以腐熟人粪尿为主，辅以化肥，特别是 2～8 月份，应每 15 天施 1 次稀薄粪水，或用 0.5%～1%尿素溶液淋施，以满足苗木生长的需要。脐橙苗期主要病虫害有潜叶蛾、凤蝶、红蜘蛛、炭疽病、溃疡病等，要注意及时喷药防治，保证苗木正常生长。

13. 脐橙苗木如何进行假植?

脐橙苗木出圃时,如不能及时定植或外运,则应将苗木进行假植。假植方法有开沟假植和营养篓假植 2 种。

(1)开沟假植　假植时间为 2 月下旬至 3 月份和 9～10 月份。假植方法:选择地势平坦、背风阴凉、排水良好的地方,挖宽 1 米、深 60 厘米东西走向的定植沟。苗木向北倾斜排放于沟内,切忌整捆排放,摆一层苗木填一层混沙土,培土后浇透水,再培土。假植苗木既怕渍水,又怕风干,应及时检查处理。同时,要绘制假植平面图,做好品种标记(图 1-7)。

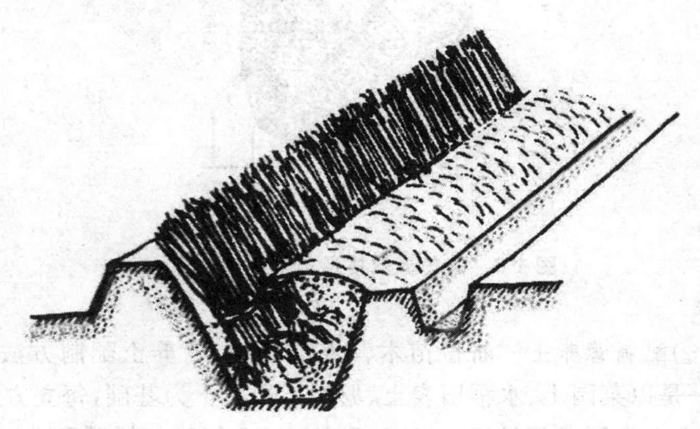

图 1-7　开沟假植

(2)营养篓假植　营养篓假植苗是容器育苗的一种补充形式。具有栽植成活率高,幼树生长快,树冠早成形,早投产,便于管理,并可做到周年上山定植等优点。

①营养篓的规格　采用苗竹、黄竹、小山竹和藤木等材料,编成高 30 厘米,上口直径 28 厘米,下口直径 25 厘米,格孔大小 3～

4 厘米的小竹篓(图 1-8)。

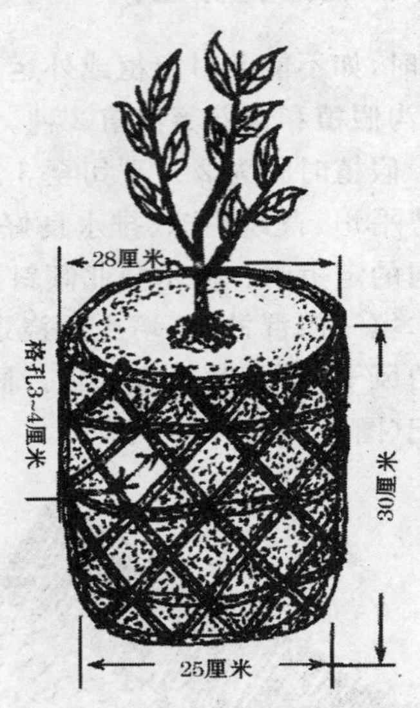

图 1-8　营养篓规格及苗木假植示意图

②配制营养土　脐橙苗木营养篓假植,营养土配制方法有 3 种:一是以菜园土、水稻田表土、塘泥土和火土为基础,每立方米土中加入人粪尿或沼液 50～100 千克(1～2 担)、钙镁磷肥 1～2 千克、垃圾(过筛)150 千克、猪牛栏粪 50～100 千克、谷壳 15 千克或发酵木屑 25 千克,充分混合拌匀做堆。堆外用稀泥糊成密封状,堆沤 30～45 天,即可装篓(袋)栽苗。二是以菜园土、水稻田表土、塘泥土和火土为基础,每立方米土中加入饼肥 4～5 千克、三元复合肥 2～3 千克、石灰 1 千克、谷壳 15 千克或发酵木屑 25 千克,充分混合拌匀做堆。堆外用稀泥糊成密封状,堆沤 30～45 天,即可装篓(袋)栽苗。三是按 50%水稻田表土、40%蘑菇渣、5%火土

灰、3%鸡粪、1%钙镁磷肥和1%三元复合肥的比例配制,充分混合,耙碎拌匀做堆。堆外用稀泥糊成密封状,堆沤30～45天,即可装篓(筐)栽苗。

③苗木假植时间 脐橙苗木在营养篓(袋)假植,最适宜时间为10月份秋梢老熟后。此时气温开始下降,天气变凉爽,蒸发量不大,但地温尚高,苗木栽后根系能得到良好愈合并发出新根,有利于安全越冬。

④假植方法 苗木装篓假植前,先解除嫁接口的薄膜带,将主、侧根的伤口剪平,并适当剪短过长的根,以利伤口愈合和栽植。假植时,营养篓内装1/3～1/2的营养土,把苗木放在篓的中央,将根系理顺。然后一边加营养土,一边将篓内营养土压紧,使根系与营养土紧密结合,土填至嫁接口下即可。假植后4～6篓排成一排,整齐排成畦,畦的宽度为120厘米,畦与畦之间留30厘米以上的作业小道,以便于苗期管理(图1-9)。篓与篓之间的空隙要用细土填满,畦上用稻草或芦箕进行覆盖,以保温并防止杂草滋生。最后,浇足定根水,同时做好品种标记。

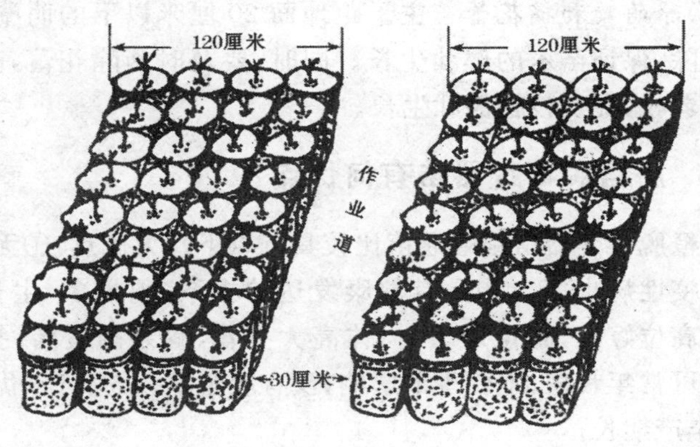

图1-9 营养篓苗木假植方法

14. 脐橙营养篓假植苗如何进行管理?

采用营养篓假植苗木,应做好以下几项工作,以确保苗木的质量。

(1)搭棚　秋、冬季假植的苗木,注意搭棚遮盖防冻。霜冻天晚上遮盖,白天棚两头注意通风透气或不遮盖,开春后揭盖。

(2)水分管理　空气干燥的晴天,注意浇水,保持篓内土壤湿润;雨季则应注意开沟排水。

(3)施肥　苗木假植期,施肥应做到勤施薄施。一般每隔15~20 天浇施 1 次腐熟稀薄人粪尿(或腐熟饼肥稀释液)或 0.3%尿素加 0.5%三元复合肥混合液。秋梢生长老熟后则停止土壤施肥,如叶色欠绿,则可每月喷施 1 次叶面肥,如叶霸、氨基酸、倍力钙等(使用浓度见产品说明书)。

(4)病虫害防治　脐橙幼苗 1 年多次抽梢,易遭受金龟子、凤蝶、象鼻虫、潜叶蛾、红蜘蛛和炭疽病、溃疡病等病虫危害,要加强观察,及时防治。

(5)除萌蘖和摘花蕾　主干距地面 20 厘米以下的萌蘖枝,要及时抹除,保证苗木的健壮生长。同时,要及时摘除花蕾,疏删部分丛生弱枝,促发枝梢健壮生长。

15. 脐橙脱毒容器苗有何优点?

脐橙脱毒容器苗跟普通苗比较具有以下几大优点:①无病毒,不带检疫性病虫害。②具有健康发达的根系,须根多,生长速度快。③高位嫁接,高位定干,树体高大乔化,耐寒耐贫瘠,抗病虫害。④可常年栽植,不受季节影响,没有缓苗期。⑤高产、优质、寿命长,丰产期长。

16. 培育脐橙脱毒容器苗使用的网室有哪几种类型？

（1）网室类型　培育脐橙脱毒容器苗的网室是用50目网纱构建而成的，面积通常在1 000米^{2}以上。主要用于无病毒原始材料、无病毒母本园和采穗圃的保存与繁殖。进、出网室的门口设置缓冲间，进入网室工作前，需用肥皂洗手。操作时要避免与植株伤口接触。网室内的工具要专用，修枝剪在每一棵植株使用前，均需用1%次氯酸钠溶液消毒。网室主要有以下几种类型。

①网室无病毒引种圃　由国家柑橘苗木脱毒中心（重庆中柑所及华中农大柑研所）提供无病毒品种原始材料，每个品种引进3株，并种植在网室中。每个品种材料的无病毒后代在网室保存2～4年。网室保存的植株，除有特殊要求外，均采用枳作砧木。网室保存的植株，每2年要检查1次黄龙病感染情况，每5年鉴定1次裂皮病和碎叶病的感染情况。发现受感染植株，应立即淘汰。

②网室品种展示圃　从网室引种圃中采穗，每个品种按1∶5比例繁殖5株，种植在大田品种展示圃中，并认真观察其园艺性状。植株连续3年显示其品种固有的园艺学性状后，开始用作母本树。

③网室无病毒母本园　每个品种材料的无病毒母本树，在无病毒母本园内种植2～6株。每年10～11月份，调查脐橙黄龙病发生情况。每隔3年应用指示植物或血清学技术（酶联免疫吸附检测法），检测脐橙裂皮病和碎叶病感染情况。每年采果前，观察枝叶生长和果实形态，确定品种是否纯正。经过对病害调查、检测和品种纯正性观察，淘汰不符合本规程要求的植株。

④网室无病毒采穗圃　从网室无病毒母本园中采穗，用于扩大繁殖，建立网室无病毒采穗圃。可以采集接穗的时间，限于植株在采穗圃中种植后的3年内。

（2）容器类型　培育脐橙脱毒容器苗使用的容器有播种器和

育苗桶2种。

①播种器　由高密度低压聚乙烯经加工注塑而成，长67厘米、宽36厘米，有96个种植穴，穴深17厘米。每个播种器可播96棵枳种，能装营养土8～10千克。耐重压，防紫外线，耐高温和低温，耐冲击，可多次重复使用，使用寿命为5～8年。

②育苗桶　由线性高压聚乙烯吹塑而成，桶高38厘米，桶口宽12厘米，桶底宽10厘米，呈梯形方柱。底部有2个排水孔，能承受3～5千克压力，使用寿命为3～4年。桶周围有凹凸槽，有利于苗木根系生长、排水和空气的渗透。每桶移栽1株砧木大苗。

17. 怎样进行脐橙脱毒容器育苗？

脐橙脱毒容器育苗的操作过程主要包括以下几个方面。

(1)营养土的配制　营养土可就地取材，配方为草炭∶河沙∶谷壳＝1.5∶1∶1(按体积计)，长效肥和微量元素肥可在以后视苗木的生长需要而加入。草炭用粉碎机粉碎，再过筛，其最大颗粒控制在0.3～0.5厘米。河沙若有杂物，也需过筛。栽种幼苗时，土中的谷壳需粉碎；移栽大苗则无须粉碎。配制方法：用1个容积为150升的斗车，按草炭、沙和谷壳的配方比例，把各种原料加入到建筑用的搅拌机中搅拌，每次5分钟，使其充分混合。可视搅拌机的大小而定加入量，混合后堆积备用。

(2)播种前的准备　将混匀的营养土，放入由3个各200升分隔组成的消毒箱中，利用锅炉产生的蒸汽进行消毒。每个消毒箱内安装有2层蒸汽消毒管，消毒管上，每隔10厘米打1个直径为0.2厘米的孔，使管与管之间的蒸汽可以互相循环。每个消毒箱长90厘米、深60厘米、宽50厘米，离地面高120厘米。锅炉蒸汽温度保持在100℃约10分钟即可。把经消毒的营养土，堆放在堆料房中，冷却后即可装入育苗容器。

(3)种子消毒　一般播种量是所需苗木的1.2倍，生产中需要考虑种子的饱满程度确定具体的播种量。播种前,用50℃热水浸泡种子5～10分钟,捞起后,放入用漂白粉消毒的清水中冷却,然后捞起晾干备用。

(4)播种　播种前,把温室和播种器与工具,用3%来苏儿溶液或1%漂白粉混悬液进行消毒处理。装营养土到播种容器中,边装边抖动,装满后搬到温室苗床架上,每平方米苗床架可放4.5个播种器。把种子有胚芽的一端植入土中,这样长出的砧木幼苗根弯曲的较少,而且根系发达、分布均匀,幼苗生长快。播种后覆盖1～1.5厘米厚的营养土,灌足水。

(5)砧木苗移栽　砧木苗长至15～20厘米高时,即可移栽。移栽前,对幼苗充分灌水,然后把播种器放在地上,用手抓住两边抖动,直到营养土和播种器接触面松动,再抓住苗根颈部一提即起。把砧木苗下面的弯曲根剪掉,轻轻抖动后去掉根上营养土,并淘汰主干或主根弯曲苗、畸形苗和弱小苗。育苗桶装上1/3的营养土,先把苗固定在育苗桶口的中央位置,再往桶内装土,边装边摇动,使土与根系充分接触,然后压实即可。注意主根不能弯曲,栽植不能过深或过浅,土壤接触的位置比原来深2厘米即可。移栽后灌足定根水,第二天浇施0.15%三元复合肥。采用此法移栽成活率可达100%,移栽后4～7天即可发新梢。

(6)嫁接　当砧木直径达到0.5厘米时,即可嫁接。采用"T"形芽接法,嫁接口高度离土面高23厘米左右。用嫁接刀在砧木上比较光滑的一面,垂直向下划一条2.5～3厘米长的口子,深达木质部。然后在砧木水平方向上横切一刀,长约1.5厘米、完全穿透皮层。在接穗枝条上取1个单芽,插入切口皮层下,用长20～25厘米、宽1.25厘米聚乙烯薄膜从切口底部包扎4～5圈,扎牢即可。每人每天可嫁接1 500～2 000株,成活率一般在95%以上。为防止品种及单株间的病毒感染,嫁接前对所有用具和手,均用0.5%漂白粉混悬液消毒。嫁接后给每株苗挂上标签,标明砧木和接穗，以免混杂。

(7)嫁接后管理

①解膜、剪砧、补接　在苗木嫁接3周后，用刀在接芽反面解膜。此时嫁接口砧、穗结合部已愈合并开始生长，解膜3～5天后，把砧木顶端接芽以上的枝干，反向弯曲过来。把未成活的苗移到苗床另一头进行集中补接。接芽萌发抽梢，待顶芽自剪，剪去上部弯曲砧木。剪口最低部位不能低于接芽的最高部位，剪口与芽相反呈45°角倾斜，以免水分和病菌入侵，剪口要平滑。由于容器育苗生长快，嫁接后接芽愈合期间砧木萌芽多，应及时抹除。

②立柱扶苗　容器嫁接苗嫩梢生长快，极易倒伏弯曲，需立柱扶苗(图1-10)。可用长80厘米、粗1厘米左右的竹片或竹竿扶苗。第一次扶苗在嫁接自剪后插柱，插柱位置应离苗木主干2厘米，以免伤根。立柱插好后，用塑料带把苗和立柱捆成"∞"形。注意不能把苗捆死在立柱上，以免苗木被擦伤或抑制长粗，造成凹痕等，影响生长。生产中应随苗木生长高度而增加捆扎次数，一般应捆3～4次，使苗木直立向上生长而不弯曲。

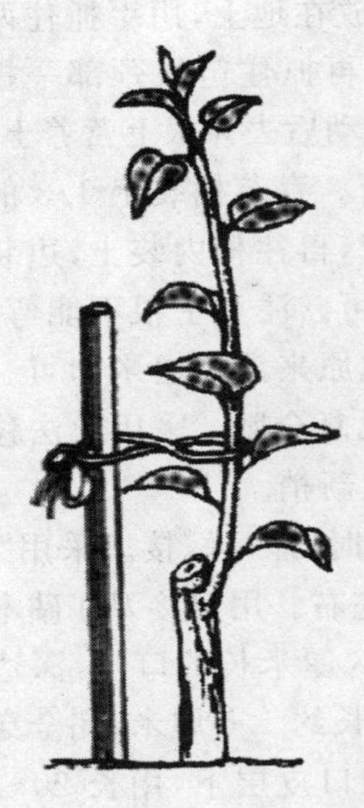
图1-10　立支柱

③肥水管理和病虫害防治　播种后5～6个月，小苗长至15厘米以上，即可移栽。移栽后的砧木苗，只需5个月左右即可嫁接，嫁接后6个月左右即可出圃。即从砧木种子播种开始算起，到苗木出圃只需16～17个月。因此，脐橙嫁接育苗对肥水的要求比较高，一般每周用0.3%～0.5%三元复合肥或尿

素溶液淋苗1次。此外，幼苗期应喷3～4次杀菌剂，防治立枯病、脚腐病、炭疽病和流胶病，药剂可选用甲霜灵、三乙膦酸铝、氢氧化铜等。虫害防治除用相应的药剂外，还可在温室、网室内设置黑光灯诱杀。生产中要严格控制人员进出，并执行严格的消毒措施，防止人为带进病虫源。

(8)苗木出圃

①苗木出圃的基本要求　无检疫性病虫害的脱毒健壮容器苗，应采用枳或枳橙作砧木。枳橙砧要求嫁接部位在15厘米以上，枳砧在10厘米以上。嫁接苗主干粗直、光洁、高40厘米以上，具有至少2个以上非丛生状分枝，枝长达15厘米以上。枝叶健全，叶色浓绿，富有光泽，砧、穗结合部的曲折度不大于15°。根系完整，主根不弯曲、长15厘米以上，侧根、细根发达，根颈部不扭曲。

②苗木分级　在符合砧、穗组合及出圃基本要求的前提下，以苗木径粗、分枝数量、苗木高度作为分级依据。以枳作砧木的脐橙嫁接苗，按其生长势的不同可分为一级苗和二级苗，其标准见表1-1。

表1-1　脐橙无病毒嫁接苗分级标准

种类	砧木	级别	苗木径粗（厘米）	分枝数量（条）	苗木高度（厘米）	根系	
						侧根数（条）	须根
脐橙	枳	1	≥0.8	≥3～4	50	≥3	发达
		2	≥0.7	≥2～3	40	≥2	较发达

以苗木径粗、分枝数量、苗木高度3项中最低1项的级别定为该苗级别。低于二级标准的苗木即为不合格苗木。

③苗木调运　生产中一般连同完整容器（容器要求退回苗圃，再次利用）调运，苗木分层装在有分层设施的运输工具上，分层设施的层间高度以不伤枝叶为准。苗木调运途中严防日晒和雨淋，

苗木运达目的地后立即检查，并尽快定植。

（二）疑难问题

1. 选择苗圃地应注意哪些问题？

脐橙苗圃地选择主要考虑位置和农业环境条件两方面因素。从经营效益出发，苗圃地应位于果树供求中心地区，交通便利，既可降低运输费用和损失，又可使育成的苗木能适应当地环境条件。苗圃地应选择远离病虫疫区和老柑橘园，距离有柑橘黄龙病果园 3 000 米以上，以减少危险性病害感染。苗圃地的选择，应按当地情况，选择背风向阳、地势较高、地形平坦开阔（坡度在 5°以下）、土层深厚（50～60 厘米及以上）、地下水位不超过 1 米，pH 值 5.5～7.5 的平地及缓坡地或排灌方便的水田，最好选前作未种植过苗木的水田或水旱轮作田；保水及排水良好，灌溉方便，疏松肥沃，中性或微酸性的沙壤土、壤土，以及风害少、无病虫害的地方，有利于种子萌发及幼苗生长发育。地势高燥、土壤瘠薄的旱地、沙质地和低洼、过于黏重的地，不宜作苗圃地。

2. 采用枳嫩子播种育苗的方法是什么？

为了加快育苗速度，生产中可采取枳的嫩子进行播种育苗。即在枳谢花后 90 天左右，果实呈青绿色、未充分成熟，但种子已基本发育成熟，此时采集枳的嫩子进行播种，发芽率可达 90%以上。实践证明，播种枳砧嫩子能早萌芽，早移栽，早嫁接出圃，缩短了育苗期。

（1）采集枳嫩子　7 月下旬至 8 月上旬，采集枳青果后，用刀剖开取出种子。

（2）枳嫩子浸种消毒　将枳嫩子用清水洗净，再用 0.1%高锰

酸钾溶液浸种 30 分钟，即可达到消毒和催芽的目的。

(3)遮阴播种　枳嫩子 7 月底至 8 月初播种，此时正处夏秋高温时节，应在苗床上 30～40 厘米高处搭设荫棚，防止太阳暴晒，影响幼苗生长。

(4)盖膜越冬　在幼苗长至 10～15 厘米时，及时进行移栽。当气温降低至 20℃以下时，在棚上覆盖薄膜，保持畦面温度，同时，加强肥水管理，促幼苗生长。翌年 3～4 月份，即可达到嫁接粗度。

3. 脐橙嫁接操作的技巧是什么？

脐橙嫁接操作中，要做到接穗和砧木对准并密贴，才能确保嫁接成活。其操作技巧是，实现“直”、“平”、“快”、“齐”、“洁”、“紧”的要求。一是嫁接部位要直，接穗和砧木切面要平滑，不能凹凸或起毛。因此，要求刀要锋利(以刀刃一面平的专用嫁接刀为好)，动作要快(主要靠多实践或练习，熟能生巧)。二是放芽和绑缚薄膜带时要小心，确保形成层对齐不移位。三是砧、穗切面要保持清洁，不要有泥沙等杂质污染和阻隔，影响嫁接面的密贴。整个嫁接口和接穗要用嫁接专用薄膜带密封保护，包扎要紧，不能留有空隙，否则影响成活率。

4. 生长季节采集的接穗暂时不用应怎样贮藏？

在脐橙生长季节采集的接穗，如果暂时不用，可将接穗基部码齐，每 50～100 条捆成 1 捆，挂上标签，注明品种、数量、采集地点及采集时间，采用以下几种方法进行贮藏。

(1)水藏　将接穗捆竖立在盛有清水(水深 5 厘米左右)的盆或桶中，放置于阴凉处，避免阳光照射，每天换水 1 次，并向接穗上喷水 1～2 次，接穗可保存 7 天左右。

(2)沙藏　在阴凉的室内地面上铺一层 25 厘米厚的湿沙，将接穗基部在沙中深埋 10～15 厘米，上面盖湿草苫或湿麻袋，并注

意经常喷水保持湿润，防止接穗干枯失水，可保存 20 天左右。

（3）窖藏　将接穗用湿沙埋在凉爽潮湿的窖里，可存放 15 天左右。

（4）井藏　将接穗装袋，用绳倒吊在深井的水面以上，注意不要入水，可存放 20 天左右。

（5）冷藏　将接穗捆成小捆，竖立在盛有清水的盆或桶中，或基部插于湿润沙中，置于冷库中存放，可贮存 30 天左右。

5. 怎样建立脐橙无病苗圃？

（1）苗圃地选择　苗圃地应选择地势平坦，交通便利，水源充足，通风和光照良好，远离病原，无环境污染的地方。为了减少脐橙病毒病在田间传染，在平地建立脐橙无病苗圃，要求苗圃周围 5 千米内无芸香科植物。在有高山、树林等天然屏障的地区，建立无病苗圃，要求苗圃周围 3 千米内无芸香科植物。如果在病害发生较严重的地区建立无病苗圃，则应利用温室、塑料大棚等设施，进行保护地育苗。

（2）砧木种子消毒处理　为了防止脐橙砧木种子带病毒，播种前将砧木种子先泡入 50℃左右的热水中预热 5 分钟，然后再放入 55℃～56℃的热水中浸泡 50 分钟，进行热处理消毒。浸泡脐橙砧木种子时，水温要求保持恒定，并经常搅动，使之受热均匀。

（3）接穗消毒处理　脐橙良种接穗应在远离病区的无病树上采集。为了消除接穗中可能存在的潜伏病原，应将接穗置于 49℃左右的恒温箱中 50 分钟，进行热处理消毒。也可将脐橙接穗放入 1 000 毫克/千克盐酸四环素或盐酸土霉素溶液中浸泡 2 小时，进行抗生素消毒处理。

（4）防治传病害虫　柑橘木虱和蚜虫等，是柑橘黄龙病等病毒病的传病媒介，对这些害虫要经常检查，及时防治。同时，要加强栽培管理，增施有机肥，增强树势，提高脐橙的抗病虫害能力。

二、脐橙建园技术

(一)关键技术

1. 怎样选择脐橙园地?

在建园前要根据脐橙的生物学特性,分析建园地的地形、气候、土壤、水源等环境条件,综合评价,因地制宜选择园地。

(1)气候条件　栽植脐橙适宜的气温条件是:年平均温度15℃～22℃,生长期间≥10℃年活动积温在4 500℃～8 000℃。冬季极端低温为－5℃以上,1月份平均温度≥8℃,年降水量在1 200～2 000毫米,空气相对湿度在65%～80%,年日照在1 600小时左右,昼夜温差大,无霜期长,有利于提高脐橙品质。

(2)土壤条件　脐橙适应性强,对土壤要求不严,红壤、紫色土、冲积土等均能适应。但以土层深厚、肥沃、疏松、排水通气性好、pH值6～6.5(微酸性)、保水保肥性能好的壤土和沙壤土为佳。红壤和紫色土通过土壤改良,也适合种植脐橙。

(3)水源条件　建立脐橙园,特别是大型脐橙园,应选择近水源或可引水灌溉的地方,但要避免在低洼地建园。这是因为低洼地的地下水位较高,逢降雨多的年份,造成脐橙园积水,常常产生硫化氢等有毒害的物质,使脐橙根系受毒害而死亡。同时,地势低洼,通风不良,易造成冷空气沉积,脐橙开花期易受晚霜危害,影响产量。

(4)园地位置　丘陵山地建园,选择在25°以下的缓坡地,具

有光照充足，土层深厚，排水良好，建园投资少，管理便利等优点。平地或水田建园，必须深沟高畦种植，以利排水。平地建园具有管理方便，水源充足，树体根系发达，产量高等优点。但果园通风、日照及雨季排水往往不如山地果园。特别要考虑园地的地下水位，以防止果园积水，通常要求园地地下水位应在 1 米以上。另外，还要考虑交通，以利于大量生产资料的运入和大量果品的运出。

2. 怎样合理规划脐橙园？

脐橙园规划应本着充分利用土地、光能、空间和便于经营管理的原则，进行合理规划。规划的具体内容包括：作业小区的划分、道路设置、排灌系统设置，以及辅助建筑物的设置等。

（1）作业小区的划分　小区的划分，应以便于管理，利于水土保持和运输为原则。一般不要跨越分水岭，更不要横跨凹地、冲刷沟和排水沟。小区面积不宜过大或过小，过大管理不便，过小浪费土地。通常，小区面积大则 1～2 公顷，小则 0.6～1 公顷。在丘陵山地建园，地面崎岖不平，小区面积甚至可小于 0.4 公顷。

（2）道路设置　道路设置应根据果园面积的大小，规划成由主干道、支道和田间作业道组成的道路网。

①主干道　主干道要求位置适中，贯穿全园，与支道相通，并与外界公路相接。一般要求路宽 5～7 米，能通行大汽车，是果品、肥料和农药等物资的主要运输道路。山地果园的主干道，可环山而上，或呈“之”字形延伸，路边要修排水沟，以减少雨水对路面的冲刷。

②支道　支道可与小区规划结合设置，作为小区的分界线。支道应与主干道相连，要求路宽 3～4 米。山地建园，支道可沿坡修筑，但应具有 0.3％的比降，不能沿等高线修筑。

③田间作业道　为方便管理和田间作业，园内还应设田间作业道，要求路面宽 1～2 米。小区内应沿水平横向及上、下坡纵向，

每距离50～60米设置1条田间作业道(小路)。

(3)排灌系统的设置　有的地区,如江西赣南地区,雨量充沛,但年降雨量分布不均匀。上半年阴雨绵绵,以至地面积水,有时伴有暴雨成灾;下半年常出现伏秋干旱,对脐橙的正常生长发育很不利。因此,山地脐橙园必须具有良好的排灌设施。灌溉用的水源主要有池塘、水库、深井和河流等,灌溉系统的设置在建园前应认真考虑,并建设好。

①蓄水和引水　山地建园,多利用水库、塘、坝来拦截地面径流,蓄水灌溉。如果果园是临河的山地,需制定引水上山的规划;若距河流较远,则宜利用地下水(挖井)为灌溉水源。

②等高截洪沟　在涵养林下方挖1条宽、深各1米的等高环山截洪沟,拦截山水,将径流山水截入蓄水池。下大雨时,要将池满后的余水排走,保护园地以免冲刷。

③排(蓄)水沟　纵向与横向排(蓄)水沟要结合设置。纵向(主)排水沟,可利用主干道和支道两侧所挖的排水沟(深、宽各50厘米),将等高截洪沟和部分小区排水沟中蓄纳不了的水排到山下。横向排水沟,如梯田内侧的“竹节沟”,可使水流分段注入主排水沟,减弱径流冲刷。

④引灌设施　修筑山塘或挖深水井,用于引水灌溉。一是修筑大型蓄水池。在果园最高处,也可在等高截洪沟排水口处,修建大型蓄水池,容量为100米^3,并且安装管道,使水通往小区,便于浇灌。二是简易蓄水池。每个小区内,要利用有利地势,修建1个20～30米^{3}的简易蓄水池,以便在雨季蓄水,旱季用于浇灌。

(4)辅助建筑物的安排　辅助建筑物包括管理用房,药械、果品、农用机具等的贮藏库。管理用房,即场部(办公室、住房)是果园组织生产和管理人员生活的中心。小型果园场部应安排在交通方便、位置比较中心、地势较高而又距水源不远或提水引水方便的地方;大型果园场部应设在果园主干道附近,与果园相隔一定距离,防止非生产人员进入果园,减少危险性病虫带进果园。果品仓库应设在交通方便,地势较高、干燥的地方;果品贮藏保鲜库和包装厂应设在阴凉通风处。此外,包装场和配药池等,建在作业区的中心部位较合适,以利于果品采收、集散和药液运输。粪池和沤肥坑,应设置在各区的路边,以便于运送。脐橙园一般每 0.6～0.8 公顷,应设 1 个水池、粪池或沤肥坑,以便于小区施肥和喷药。

3. 山地脐橙园如何修筑梯田?

梯田是山地果园普遍采用的一种水土保持形式,是将坡地改造成台阶式平地,使种植面的坡度消失,从而防止雨水对种植面的土壤冲刷。同时,由于地面平整,耕作方便,保水保肥能力强,因而所栽植的脐橙生长良好,树势健壮。梯田由梯壁、梯面、边埂和背沟(竹节沟)组成(图 2-1)。

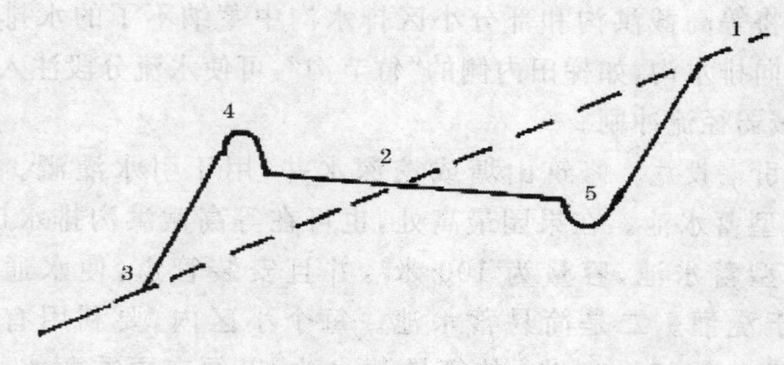

图 2-1 梯田结构

1. 原坡面 2. 梯面 3. 梯壁 4. 边埂 5. 背沟

(1)清理园地 把杂草、杂木与石块清理出园,草木可晒干后集中烧掉作肥料用。

(2)确定等高线

①测定基点　选择能代表该坡地大部分坡度的地段，一与横向水平垂直的直线即基线，自上而下地定出第一个基点。然后用一根与定植行距等长的竹竿(或皮尺)，将其一端放在第一个选定的基点上，另一端顺着基线执在手中使其成水平，手执一端垂直地面的点就是第二个基点。依次得出第三、第四……个基点，基点选出后，各插上竹签。

②测定等高线　用等腰人字架测定等高线。人字架长 1.5 米左右，2 人操作，一人手持人字架，一人用石灰画点，以基点为起点，向左右延伸，测出等高线。测定时，人字架顶端吊一铅垂线，将人字架的甲脚放在基点上，乙脚沿山坡上下移动，待铅垂线与人字架上的中线相吻合时，定出的这一点为等高线上的第一个等高点，并做上标记。然后人字架的乙脚不动，将甲脚旋转 180°后，沿山坡上下移动，铅垂线与人字架上的中线相吻合时，测出的这一点为等高线上的第二个等高点。照此法反复测定，直至测定完等高线上的各个等高点为止。将测出的各点连接起来，即为等高线。依同样的方法测出各条等高线。由于坡地地形及地面坡度大小不一，在同一等高线上的梯面可能宽窄不一。因此，等高线测定后，必须进行校正。按照“大弯随弯，小弯取直”的原则，通过增线或减线的方法，进行校正调整。也就是等高线距离太密时，应舍去过密的线；太宽时又酌情加线。经过校正的等高线就是修筑梯田的中轴线，按照一定距离定下中线桩，并插上竹签(图 2-2)。

(3)梯田的修筑方法　梯田一般从山的上部向下修筑。修筑时，先修梯壁(垒壁)。随着梯壁的增高，将中轴线上侧的土填入梯面，逐层踩紧捶实。这样边筑梯壁边挖梯(削壁)，将梯田修好。然后，平整梯面，并做到外高内低，外筑埂而内修沟。即在梯田外沿修筑边埂，边埂宽 30 厘米左右，高 10～15 厘米；梯田内沿开背沟，背沟宽 30 厘米左右，深 20～30 厘米。每隔 10 米左右在沟底挖一宽30厘米、深10～20厘米的沉沙坑，并在下方筑一小坝，形成“竹节沟”，使地表水顺内沟流失，避免大雨时雨水冲刷梯壁而崩塌垮壁(图2-3)。

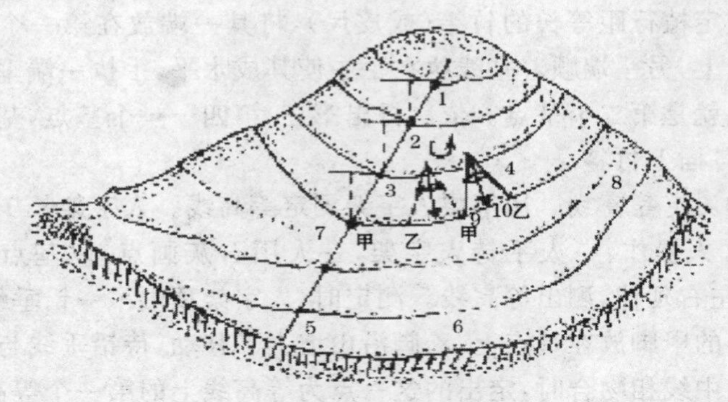

图 2-2　用等腰人字架测定基点、等高线

1. 第一个基点　2. 第二个基点　3. 第三个基点
4. 等腰人字架　5. 基线　6. 等高线　7. 增线　8. 减线
9. 人字架的甲脚　10. 人字架的乙脚

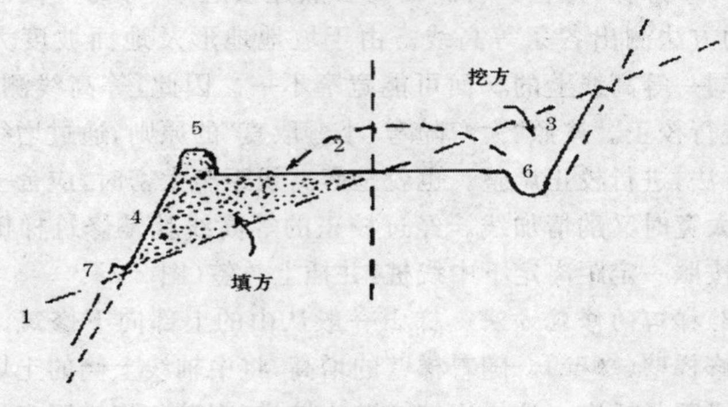

图 2-3　梯田修造

1. 原坡面　2. 梯面(内斜式)　3. 削壁　4. 垒壁
5. 边埂　6. 背沟　7. 壁间

4. 建立脐橙园时怎样开挖定植穴及施肥？

山地建脐橙园土壤肥力差，栽植前应先挖穴施肥，采用大穴大肥、良种壮苗或容器苗定植，确保高标准建园。

(1)挖壕沟或种植穴　山地、丘陵地可采用壕沟式种植，即将种植行挖成深60～80厘米、宽80～100厘米的壕沟。挖穴时，应以栽植点为中心，画圆挖掘，将挖出的表土和底土，分别堆放在定植穴的两侧。种植穴的深度一般要求在60～100厘米。水平梯田定植穴、沟的位置，应在梯面靠外沿1/3～2/5处，即在中心线外沿。这是因为内沿土壤熟化程度和光线均不如外沿，而且生产管理的便道也都设在内沿。

(2)回填表土与施肥　无论是种植穴还是种植壕沟，都必须施足基肥，这就是通常所说的大肥栽植。栽植前，把事先挖出的表土与肥料回填穴(沟)内。回填通常有2种方式，一种是将基肥和土拌匀填回穴(沟)内，另一种是将肥和土分层填入。一般每立方米穴(沟)需新鲜有机肥50～60千克或干有机肥30千克、磷肥1千克、石灰1千克、饼肥2～3千克，或每667米^{2}施优质农家肥5000千克。

5. 脐橙栽植技术要点有哪些？

(1)选择优质苗木　优质苗木的基本要求是：品种纯正，地上部枝条生长健壮、充实，叶片浓绿有光泽。苗高35厘米以上，并有3个分枝。根系发达，主根长15厘米以上，须根多，断根少。无检疫性病虫害和其他病虫害，所栽苗木最好是自己繁育或就近选购的，起苗时尽量少伤根系，起苗后要立即栽植。栽植的苗木尽可能是脱毒苗、容器苗或经假植的大苗。

(2)栽植时期　脐橙栽植时期，应根据其生长特点和当地气候条件确定。一般在新梢老熟后至下一次新梢抽发前，均可以栽植。

①大田繁殖苗木栽植时期　通常分为春季栽植和秋季栽植。春季栽植，通常在 2 月底至 3 月份进行，此期春梢转绿，气温回升，雨水较多，容易成活，还省去了秋植灌水之劳。秋季栽植，通常在 9 月下旬至 10 月份秋梢老熟后进行，此期气温尚高，地温适宜，只要土壤水分充足，栽植后苗木根系的伤口愈合快，而且还能长 1 次新根，从而有利于翌年春梢的正常抽生。

②营养篓假植苗栽植时期　通常不受季节限制，随时可以上山定植。但夏秋干旱季节，降雨少，水源不足，会影响成活率。所以，栽植的最佳时期是春梢老熟后、5 月中下旬至 6 月上中旬。

(3)栽植密度　通常在地势平坦、土层较厚、土壤肥力较高、气候温暖、管理条件较好的地区，可适当稀植。这是因为在良好的环境条件下，单株生长发育比较茂盛，株间容易及早郁闭而影响果实品质。株行距可采用 3 米×4 米的规格，每 667 米^2 栽植 55 株左右。在山地和河滩地，以及肥力较差、干旱少雨的地区，可适当密植，株行距为 2.5 米×4 米，每 667 米^2 栽 66 株左右。

(4)栽植方法

①大田苗木栽植方法　栽植前，解除薄膜，修理根系和枝梢，对受伤的粗根剪口应平滑，剪去枯枝、病虫枝及生长不充实的秋梢。栽植时，根部应蘸稀薄黄泥浆，泥浆浓度以手沾泥浆，不见指纹而见手印为适宜。泥浆中最好加入适量的碎小牛粪，并加入 1.8%复硝酚钠水剂 600 倍液＋70%甲基硫菌灵可湿性粉剂 500 倍液搅拌均匀，以促进生根。注意泥浆不能太浓，否则会引起烂根；药剂不能太多，否则会引起死苗。种植时 2 人操作，将苗木放在栽植穴内扶正，保证根顺，让新根群自然斜向伸展，随即填以碎土，一边埋土，一边踩实，均匀压实，并将树苗微微振动上提，以使根与土密接，再加土填平。然后在树的周围覆盖细土，土不能盖过嫁接口部位，并要做成树盘。树盘做好后，充分灌水，水渗下后，再覆盖一层松土，以便保湿。栽植要做到苗正、根舒、土实和水足，并

使根不直接接触肥料，防止肥料发酵而烧根。栽后树盘可用稻草、杂草等覆盖。

②营养篓苗栽植方法　栽植前，先在栽植苗木的位置挖一定植穴（穴深等于篓高为宜）。将营养篓苗置于穴中央，去除营养篓塑料袋，用肥土填于营养篓四周，轻轻踏实。然后培土做成直径 1 米左右的树盘，浇足定植水，培土高度以根颈露出地面为宜。最后树盘覆盖稻草，以防止杂草滋生，保持土壤疏松湿润。

（二）疑难问题

1. 水稻田及洼地怎样建脐橙园？

水稻田及洼地建脐橙园，栽植苗木不能挖坑，而应在畦上做土墩。可采用深、浅沟相间的形式，即每 2 畦之间挖一深沟蓄水，挖一浅沟为工作行。应根据地下水位的高低进行整地，确定土墩的高度，但必须保证在最高地下水位时，根系活动的土壤层至少要有 60～80 厘米。在排水难、地下水位高的园地，土墩的高度最少要有 50 厘米，土墩基部直径 120～130 厘米，墩面宽 80～100 厘米，呈馒头形土堆；地下水位较低的园地，土墩可以矮一点。一般土墩高 30～35 厘米，墩面直径 80～100 厘米，田的四周要开排水沟，保证排水畅通。墩高确定以后，就可按已定的种植方式和株行距标出种植点后筑墩。筑墩时应把表土层的土壤集中起来做墩，并在墩内适当施入有机肥。无论高墩式或低墩式，种植后均应逐年修沟培土，有条件的还应不断客土，增大根系活动的土壤层，并把畦面整成龟背形，以利于排除畦面积水。

2. 旱地怎样开垦脐橙园？

（1）平地果园的开垦　平地包括旱田、平缓旱地、疏林地及荒地。

①10 公顷以上的大果园　可用重型大马力拖拉机进行深耕 1 次(30 厘米)、重耙 2 次后，与坡度垂直方向定线开行和定坑，如坡度在 5°～10°可按等高线定行。按同坡向 1 公顷或 2～3 公顷为 1 个小区，小区间留 1 米宽的小道(或小工作道)，4 个以上的小区间设 3 米宽的作业道与支道相连。果园内设等高防洪沟、排水沟、蓄水沟，防洪沟设于果园上方，宽 100 厘米、深 60 厘米；排水沟和蓄水沟均为深 30 厘米、宽 60 厘米。

②10 公顷以下的小果园　可采用大马力重型拖拉机深耕 1 次，重耙 2 次。地势坡度在 5°～10°，可采用水平梯田开垦；地势坡度在 5°以下，地形完整的经犁耙可按直线开种植畦，畦中开浅排水沟，沟宽 50 厘米、深 20 厘米，种植坑直径 1 米、深 0.8～1 米。如在旱田或地下水位高的旱地建园，必须深沟高畦，以利排水和果树根系正常生长。

(2)丘陵果园的开垦　海拔高度在 400 米以下，坡度在 20°以内的丘陵地建脐橙园较为适宜。

①10 公顷以上的大果园　可根据海拔高度、坡面及坡度大小的不同，采取不同的建园方法。一是坡度在 10°～15°、坡地面积在 5 公顷以上、海拔在 200 米以下的丘陵地，可采用 45 马力左右履带式或中型机具挖土和推地于一体的多功能拖拉机，先按行距等高定点线推成 2～3 米宽的水平梯带，而后再按株距定点挖种植坑(1 米见方)。二是海拔在 200～400 米高、坡度 15°～20°、坡地面积在 5 公顷以下的丘陵地，先按行距等高定点线推成 1～1.5 米宽的水平梯带，而后按株距定点挖成 0.6 米×0.6 米×0.6 米的种植坑。

②10 公顷以下的小果园　可根据开垦地海拔高度、坡度，以坡面大小进行等高线定行距，先开成水平梯带，然后按株距挖坑。或根据行距等高线定株距挖坑，种植后力求在 2 年内，结合扩坑压

施绿肥、作物秸秆、有机肥进行改土时，逐次修成水平梯带，以方便今后作业、水土保持和抗旱。开垦和挖坑应在回坑、施基肥前 2 个月完成，使种植坑壁得到较长时间的风化。

3. 怎样提高脐橙栽植成活率？

脐橙苗木定植后如无降雨，在定植后的 3～4 天内，每天均要淋水保持土壤湿润。之后视植株缺水情况，每隔 2～3 天淋水 1 次，直至成活。定植 1 周后，穴土已略下陷可插竹枝支撑固定植株，以防风吹摇动根群，影响成活。植后若发现卷叶严重，可适当剪去部分枝叶，以减少水分蒸发。一般植后 15 天部分植株开始发根，30 天后可施稀薄肥，以腐熟人尿加水 5～6 倍，或 0.5%尿素溶液，或 0.3%三元复合肥溶液浇施，每株浇施 1～2 勺。如果施用绿维康液肥 100 倍液，则效果更好，能促使幼树早发根，多发根。以后每月淋施 1～2 次，注意淋水肥时，不要淋在树叶上，施在离树干 10～20 厘米的树盘上即可。新根未发、叶片未恢复正常生长的植株不宜过早施肥，以免引起肥害，影响成活。

三、脐橙土肥水管理技术

（一）关键技术

1. 幼龄脐橙园怎样进行深翻改土？

果园深翻结合深施绿肥、麸饼肥、粪肥等有机肥，改良土壤结构，改善土壤中肥、水、气、热的状况，提高土壤肥力，促进果树根系生长良好，有利于植株开花结果。深翻方式主要有扩穴深翻、隔行或隔株深翻和全园深翻 3 种。

在幼树栽植后的前 2～4 年内，应从定植穴边缘（如果开沟定植的则从定植沟边缘）开始，每年或隔年向外扩穴，穴宽 50～80 厘米、深 60～100 厘米，穴长根据果树的定植距离与果树大小而定，一般 100～200 厘米。每次各挖 2 个相对方向，隔年按东西或南北向操作，每株施有机肥 30～40 千克、畜粪肥 10～20 千克、石灰和过磷酸钙各 0.5～1 千克，以及少量硫酸镁、硫酸锌、硼砂，作为基肥施入穴中。通常有机肥分 2～3 层填入坑内，每层撒适量的石灰，再盖上表土，加入适量的饼肥或腐熟禽畜粪，一层层将坑填满，最后高出地面 5～10 厘米。如此逐年扩大，直到全园翻完一遍为止（图 3-1）。有条件的地区，可采用小型挖掘机挖条沟深翻，提高劳动效率。

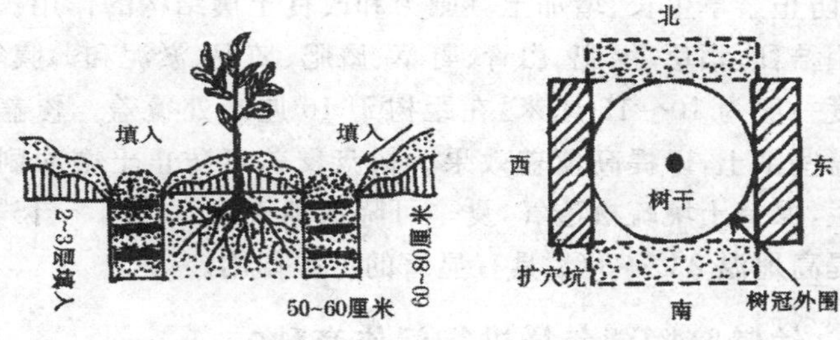

图 3-1　深翻扩穴示意图

2. 怎样进行脐橙园培土管理?

脐橙园培土具有增厚土层,防止水土流失,保护根系,增加土壤肥力和改良土壤结构的作用,特别是红壤丘陵山地,土质瘠薄、冲刷严重和地下水位高的脐橙园,培土具有重要意义。培土方法有以下 2 种。

(1)全园培土　把土块均匀分布在全园,经晾晒打碎,通过耕作把所培用土与原来的土壤混合。土质黏重的应培含沙质较多的疏松肥土,含沙质多的可培塘泥、河泥等较黏重的肥土。培土厚度要适当,一般以 5～10 厘米为宜。

(2)树盘内培土　在有土壤流失的园地,进行树盘培土,可保持水土并避免积水。即逐年于树盘处培上肥沃的土壤,在增厚土层的同时,降低地下水位,一般在低洼地果园进行。树盘内培土南方地区多在于旱季节来临前、采果后的冬季进行。缓坡地可每隔 2～3 年培土 1 次,冲刷严重的则 1 年 1 次。

3. 幼龄脐橙园怎样进行树盘覆盖?

幼龄脐橙园进行树盘覆盖,有保持土壤水分、防冻、稳定表土

温度、防止杂草生长、增加土壤肥力和改良土壤结构的作用。覆盖物多用秸秆、稻草、绿肥、山青、野草、厩肥、塘泥、淤泥和薄膜等，覆盖厚度一般为 10～15 厘米，在距树干 10 厘米处覆盖。覆盖物上再稍盖些细土，以提高覆盖效果。树盘覆盖可防止土壤冲刷和杂草丛生，保持土壤疏松透气，夏季可降低地表温度 10℃～15℃，冬季可提高地温 2℃～3℃，具有显著的护根作用。

4. 幼龄脐橙园怎样进行间作套种？

幼龄脐橙园，由于树体尚小，行间空地较多，进行合理间作套种，以短养长，可以抑制果园杂草生长，改善果园环境，提高土壤肥力，从而增强果树对不良环境的抵抗能力，有利于果树生长，还可增加收入。丘陵山坡地果园间种作物，还能起到覆盖作用，以减轻水土流失。

适宜间作套种的作物种类很多，各地应根据具体情况选择。1～2 年生的豆科作物，如花生、大豆、印度豇豆、绿豆、蚕豆等较为适宜；也可种植蔬菜如葱蒜类、叶菜类、茄果类、生姜等；也可种植绿肥或牧草如苕子、猪屎豆、藿香蓟、百喜草等，其中种植藿香蓟能明显减少红蜘蛛对果树的危害。夏季高温季节，间作作物可降低地表温度 3℃～5℃，还可抑制杂草的生长。值得注意的是间作时，作物及绿肥不要离树盘过近，不要间作木薯、甘蔗、玉米等高秆作物、攀缘作物、缠绕作物以及与脐橙有共同病虫害的其他柑橘类。否则，会影响脐橙生长，以至造成“以短吃长”的恶果。因此，生产中提倡合理间作，不损害果树。

5. 怎样使用草甘膦除草剂杀灭脐橙园杂草？

草甘膦又名镇草宁，属于内吸传导型广谱灭生性低毒除草剂。草甘膦杀草范围广，能灭除 1～2 年生和多年生的禾本科、莎草科、阔叶杂草以及藻类、蕨类植物和灌木，特别对深根的恶性杂草如白

茅、狗芽根、香附子、芦苇、铺地黍等有良好的防除效果。对土壤中的种子及微生物无不良影响，对天敌及有益生物安全。

(1)喷药时间　在杂草生长盛期或覆盖度达80%左右时使用。一般在1年生杂草高10～15厘米时喷药，多年生杂草高30～40厘米时喷药，灌木在落叶前2个月喷药。

(2)使用方法　用药量视不同的杂草群落而有差异，以阔叶杂草为主的果园，每667米^{2}用10%草甘膦水剂750～1000毫升；以1～2年生禾本科杂草为主的果园，每667米^{2}用10%草甘膦水剂1500～2000毫升；以多年生深根杂草为主的果园，每667米^{2}用10%草甘膦水剂2000～2500毫升。施药时，先将药剂加30～50升水稀释成药液，再加入用水量0.2%的洗衣粉作表面活性剂，均匀喷洒到杂草的茎叶。

(3)药效　植物绿色部分均能很好地吸收草甘膦，但以叶片吸收为主，吸收的药剂很快从韧皮部传导，24小时内大部分转移到地下根和地下茎。此药剂接触土壤即失去活性，对土壤中潜藏种子无杀伤作用，因而对未出土的杂草无效。喷药后，杂草中毒症状表现较慢，1年生杂草一般3～4天后开始出现反应，15～20天全株枯死；多年生杂草3～7天后开始出现症状，地上部叶片先逐渐枯黄，继而变褐，最后倒伏，地下部分腐烂，一般30天左右地上部基本干枯。

(4)注意事项　①施药时注意风向，并尽量低喷，药液只能触及杂草，绝对不能接触或飘移到果树的树皮、嫩枝、新叶和生长点，以免发生药害。②施药后6小时内如遇大雨会影响药效，应考虑重喷。杂草叶面药液干后遇毛毛雨，对药效影响不大。③药液用清水配制，勿用硬水和泥浆水配制，否则会降低药效，药液要当天配当天用完。④喷药后应立即清洗喷药器械。

6. 怎样进行脐橙园生草栽培?

生草制即在果园行间人工种植禾本科、豆科等草种，或自然生草，不翻耕，定期刈割，割下的草就地腐烂或覆盖树盘的一种土壤管理制度。在缺乏有机质、土层较深、水土易流失、邻近水库的果园，生草制是较好的土壤管理方法。生草制有全园生草法与树盘内清耕或干草覆盖的行间生草制法 2 种。

生草制可以防止土壤雨水冲刷；增加土壤有机质，改善土壤理化性状，使土壤保持良好的团粒结构；地温变化较小，可以减轻果树及地表面根系受害；省工，节约劳力，降低成本。但是，长期生草的果园会使表层土板结，影响通气；草与果树争肥争水，影响果树生长发育；杂草是病虫害寄生的场所，草多病虫多，某些病虫防治较困难。

果园生草对草的种类有一定的要求，主要标准是要求矮秆或匍匐生长，适应性强，耐阴耐践踏，耗水量较少，与脐橙无共同的病虫害，能引诱天敌，生育期较短。果园生草首先要选好草种，最适宜的草种是意大利多花黑麦草，其次是百喜草、藿香蓟、蒲公英、旱稗等。此外，适合果园人工种植的草种还有早熟禾、野牛劲、羊胡子草、三叶草、紫花苜蓿、草木樨、扁豆、黄芪、绿豆、苕子、猪屎豆、多变小冠花、百脉根等，只要不是恶性杂草(茅草、香附子等)，均可作为生草法栽培的草类。播种量视生草种类而定，如黑麦草、羊茅草等每 667 米^2 用草种 2.5～3 千克，白三叶草、紫花苜蓿等每 667 米^2 用草种 1～1.5 千克。

7. 脐橙园清耕方法及优缺点是什么?

(1)*清耕方法*　在脐橙园内，周年不种其他作物和绿肥，随时进行中耕除草，使土壤长期保持疏松无杂草状态。同时，冬夏季进行适当深度的耕翻，一般深 15～20 厘米。清耕法适宜在地势平

坦、肥力较高的成年脐橙园中采用。

(2)清耕法的优点　①能有效地控制杂草,减少病虫害滋生繁殖的中间寄主。②能保持土壤疏松透气,促进土壤微生物的繁殖和有机物的分解。③在干旱时节,通过中耕能切断土壤毛细管,防止旱害。④地面清洁,方便肥水管理和病虫害防治。

(3)清耕法的缺点　①费工费时,劳动强度大。②长期清耕,土壤容易受雨水冲刷,特别是丘陵山地果园冲刷更为严重,养分水分流失,导致土壤有机质缺乏,影响果树生长发育。

8. 肥料的种类及特点有哪些?

肥料包括有机肥和无机肥。

(1)有机肥　也叫农家肥,包括人粪尿、牲畜厩肥(马、牛、羊、猪粪、鸡粪等)、堆肥、饼肥、草木灰、作物秸秆绿肥等,是绿色食品生产的主要用肥。有机肥通常作基肥,与适量的无机速效氮肥混合施用,可加速有机肥的分解。其特点是营养丰富,肥效长,逐渐供给果树生长所需的大量元素和微量元素,同时可改良土壤理化性状,促使土壤团粒结构形成,有利于果树生长。

①人、畜粪尿　人、畜粪尿含氮量高,为半速效性肥料,沤制后可变成速效肥,作追肥和基肥均可。畜粪富含磷素,其中猪粪的氮、磷、钾含量比较均衡,分解较慢,是迟效肥料,宜作基肥用。羊粪含钾量大,对生产优质脐橙果实有利。鸡粪的养分最高,而且与复合肥的成分近似,既是优质基肥,也可以作为追肥使用。

②厩肥　厩肥是由猪、牛、马、鸡、鸭等畜禽的粪、尿和垫栏土或草沤制而成,含有机质较多,但肥效较慢,一般用作基肥。

③堆肥　堆肥,是以秸秆、杂草、落叶、垃圾和其他有机废物为原料,通过堆沤过程中微生物的活动,使之腐烂分解而成的有机肥。含有机质多,但肥效较慢,属迟效性肥料,只能作基肥用。

④饼肥　饼肥,是各种含油分较多的种子,经压榨去油后的残

渣制成的肥料，如菜籽饼、豆饼、花生饼、桐籽饼等。饼肥经过堆沤，可以作基肥或追肥。施用饼肥，可促进脐橙树生长，对果实品质的提高具有明显地作用。

⑤绿肥　绿肥是植物嫩绿秸秆就地翻压或经沤制、发酵形成的肥料。在肥源不足的情况下，可以充分利用绿肥，如在脐橙行间、空闲地种植毛叶苕子、肥田萝卜、绿豆、豌豆等绿肥作物，待绿肥作物进入花期，刈割或拔除掩埋土中。绿肥富含有机质，养分完全，不仅肥效高，还可改良土壤理化性状，促进土壤团粒结构的形成，提高土壤肥力，增强土壤的保水、保肥能力。绿肥可直接翻压、开沟掩青或经过堆沤后再施入土壤。

(2)无机肥　无机肥多数为化学合成的肥料，农民称其为化肥。化肥具有养分含量高、肥效快等优点。但也具有养分单纯，不含有机物，肥效时间短等缺点。有些化肥长期单独使用，还会使土壤板结、土质变坏。故生产中应将无机肥与有机肥配合施用。

①氮肥　即含有氮化物的无机肥，含氮量高，肥效快，多作追肥，如尿素、硫酸铵、碳酸氢铵等。

②磷肥　可供给植物磷素的肥料，磷肥有利于脐橙开花和坐果，如过磷酸钙、钙镁磷肥、骨粉等。

③钾肥　可供给植物钾素的肥料，脐橙能从含钾肥中摄取钾素，多作为壮果肥施用，如硫酸钾、硝酸钾等。

④复合肥料　含有 2 种以上营养元素的肥料。复合肥有 2 种方法制成，即用化学方法制成的化合物和用机械混合方法得到的混合物，如磷酸二氢钾、氮磷钾复合肥(三元复合肥)等。

⑤微量元素肥料　能够供给植物多种微量元素的肥料。它的用量虽然很少，但对脐橙的生长是不可缺少的，而且每种元素的作用又都不能被其他元素所代替。如果土壤中某一元素供应不足，脐橙就会出现相应的缺素症状，产量降低，品质下降。例如，栽种在红壤土地上的脐橙树，普遍存在着不同程度的缺锌，严重时，树

势衰弱，落叶落果，果实偏小。因此，合理使用微肥是脐橙高产优质的重要措施。

9. 生物有机肥料的作用及施用方法是什么？

生物有机肥料是以发酵加工后的有机肥料为载体，加入功能菌，经过加工制造而成的。

(1)生物有机肥料的作用　生物有机肥料既具有有机肥料的作用，又具有微生物肥料的功效。①固氮作用。根瘤菌和固氮菌等微生物可以固定空气中的氮，为脐橙提供氮素营养。②养分释放作用。微生物可以把土壤中一些难以被脐橙吸收利用的物质，转化为可以吸收利用的有效养分。③促生作用。土壤中施入生物有机肥后，不仅增加了脐橙园土壤中的养分含量，而且促进了各种维生素、酶的合成，利于根系吸收营养。④抗病作用。微生物在脐橙根系大量繁殖而成为优势菌种群，从而抵抗且抑制了病原微生物的繁殖。

(2)生物有机肥料的施用方法　①将肥料集中施在脐橙根部，使根系周围形成有益的生态环境。②施肥宜较深，并随即覆土，防止阳光直接照射杀伤微生物。③生物有机肥料不宜与化肥、杀菌剂或其他农药混用，以免影响肥效。④要有针对性地使用肥料菌剂，如磷细菌生物有机肥，适用于缓效态磷丰富的土壤；硅酸盐细菌生物有机肥，适用于缓效态钾丰富的土壤。

10. 脐橙园土壤施肥方法有哪几种？

施肥方法对提高肥效和肥料利用率，有十分重要的作用。施肥不当，不仅浪费肥料，甚至会伤害树体，造成减产。脐橙园土壤施肥方法主要有以下几种。

(1)环状沟施肥　在树冠投影外围挖宽 50 厘米、深 40～60 厘米的环状沟，将肥料施入沟内，然后覆土(图 3-2)。挖沟时，要避免伤大根，应逐年外移。此法简单，但施肥面较小，只局限沟内，适合幼龄树使用。

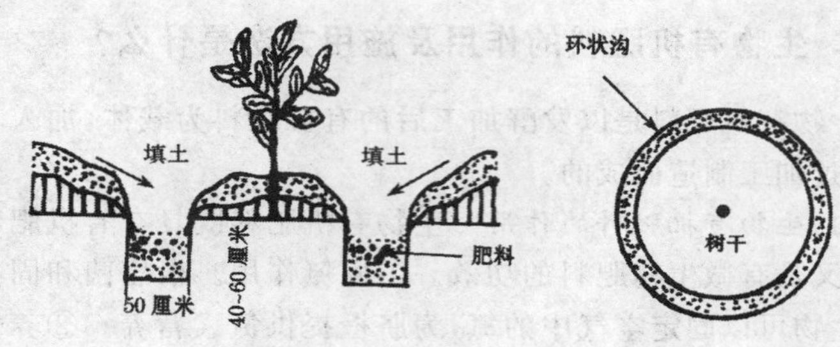

图 3-2　环状沟施肥

(2)条状沟施肥　在树冠投影外围相对方向挖宽 50 厘米、深 40～60 厘米，长依树冠大小而定的条沟。东西、南北向，每年变换 1 次，轮换施肥(图 3-3)。此法在肥源、劳力不足的情况下，生产上使用比较广泛，缺点是肥料集中面小，果树根系吸收养分受到局限。

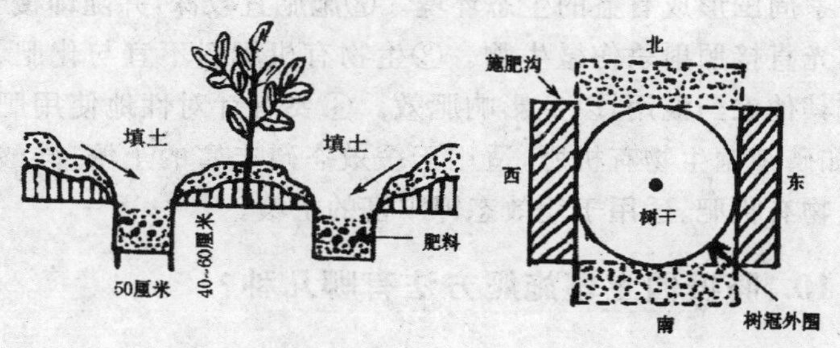

图 3-3　条状沟施肥

(3)放射沟施肥　以树干为中心，距树干 1 米向外挖 4～8 条放射形沟(图 3-4)，沟宽 30 厘米，沟里端浅外端深，里深 30 厘米，

外深 50～60 厘米，长短以超出树冠投影边缘为止，施肥于沟中。隔年或隔次更换沟的位置，以增加脐橙根系的吸收面。此法若与环状沟施肥相结合，施基肥用环状沟，追肥用放射状沟，效果更好。但挖沟时要避开大根，以免伤根。此施肥方法肥料与根系接触面大，里、外根均能吸收养分，是一种较好的施肥方法。在劳力紧缺，肥源不足时不宜采用。

(4)穴状施肥　追施化肥和液体肥料如人粪尿等，可用此法。在树冠投影范围内挖穴 4～6 个(图 3-5)，穴深 30～40 厘米，施入肥液或化肥，然后覆土，每年错开位置挖穴，以利根系生长。

(5)全园撒施　成年脐橙园，根系已布满全园，可采用全园施肥法，即将肥料均匀撒于园内，然后翻入土中，深度约 20 厘米，一般结合秋耕或春耕进行。此法施肥面积大，大部分根系能吸收到养分。但施肥过浅，不能满足下层根的需求，常导致根系上浮，降低根系固地性，雨季还会使养分流失，山坡地和沙土地更为严重。此法若与放射沟施肥隔年更换进行，可互补不足，发挥肥料的最大效用。

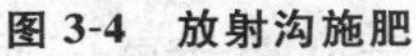

图 3-4　放射沟施肥

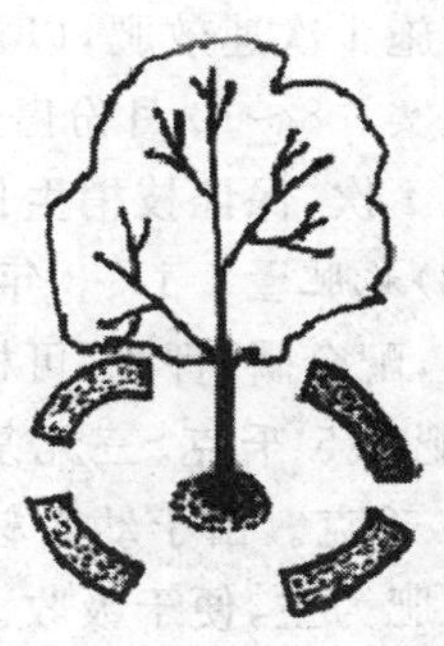

图 3-5　穴状施肥

(6)灌溉施肥　将各种肥料溶于灌溉水中，通过灌溉系统进行施肥，具有节约用水、用肥，肥效高，不伤根叶，利于土壤团粒结构保持等特点。喷灌施肥可节省用肥11%～29%。灌溉施肥肥料成为根系容易吸收的形态，直接浇于树盘内，能很快被根系吸收利用。比土壤干施肥料肥效高，增加了肥料利用率。同时，灌溉施肥通过管道把肥液输送到树盘，采用滴灌技术，把肥施入土壤，用于根系吸收，减少劳力，节约了果园的施肥成本。水肥施用的推荐浓度：0.5%三元复合肥溶液、10%稀薄腐熟饼肥液或沼液、0.3%尿素溶液等。

11. 脐橙幼龄树怎样施肥？

脐橙幼龄树1年多次抽梢，但树体较小，根系较弱。因此，除秋施基肥外，生长期内施追肥，主要是为了促发春、夏、秋3次梢，促使幼龄树迅速生长，尽早成形，达到早期结果、早期丰产的目的。

(1)施肥时间　幼龄树施肥应做到薄肥勤施。重点满足春、夏、秋梢生长对养分的要求，坚持“一梢两肥”的原则，即每次抽梢前7～10天施1次肥，以促使抽梢和生长健壮；在顶芽自剪至新叶转绿期施1次速效肥，以氮肥为主，配合磷、钾肥，促使枝梢老熟，生长充实。8～10月份停止施肥，以防晚秋梢发生。3～7月份，每月追肥1次，保证枝梢生长，扩大树冠，达到早成形早结果。

(2)施肥量　1～3年生脐橙幼龄树的施肥量为：基肥以有机肥为主，配合磷、钾肥，可株施绿肥青草30～40千克、猪栏粪50千克、磷肥1.5千克、三元复合肥1千克、饼肥0.5～1千克、石灰0.5～1千克。由于幼龄树根系不发达，吸水吸肥能力较弱，追肥以浇水肥为主，便于吸收。每次新梢施2次肥，即春、夏、秋梢分别施1次促梢肥和壮梢肥。促梢肥在萌发前1周施用，以氮肥为主，促使新梢萌发整齐、粗壮，每次每株施尿素0.15～0.25千克、三元复合肥0.25千克。壮梢肥在新梢自剪时施用，以磷、钾肥为主，促进新梢加粗生长，加速老熟，每次每株施三元复合肥0.15～0.2千克。

12. 脐橙成年树怎样施肥?

(1)施肥时期　成年脐橙树1年施肥4次,分别为萌芽肥、稳果肥、壮果肥和采果肥。萌芽肥一般于2～3月份,萌芽前10～15天施入,以速效性氮肥为主。稳果肥在5月中下旬施用,以氮肥为主,配合施用磷肥。壮果肥在7月上旬秋梢萌发前施用,以粪肥或腐熟饼肥为主,配合施磷、钾肥。采果肥在采果前7～10天施用,以速效性氮肥为主,配合磷、钾肥,用于补偿由于大量结果而引起的营养物质匮乏。

(2)施肥量　成年脐橙树,采果后施基肥,占全年施肥量的60%～70%,以有机肥为主,配合磷、钾肥,株施猪、牛栏粪50千克、饼肥2.5～4千克、三元复合肥1～1.5千克、硫酸钾0.5千克、钙镁磷肥和石灰各1～1.5千克,结合扩穴改土进行。追肥占全年施肥量的30%～40%,其中萌芽肥用肥量约占全年施肥总量的10%,可株施尿素0.25千克、过磷酸钙0.25千克、硫酸钾0.25千克;稳果肥用肥量约占全年施肥总量的10%,可株施尿素0.16千克、过磷酸钙0.2千克、硫酸钾0.18千克;壮果肥施肥量约占全年施肥总量的20%,可株施尿素0.35千克、过磷酸钙0.15千克、硫酸钾0.35千克。

此外,在改土施肥时,适量施用石灰,增加土壤中钙的含量。在脐橙枝梢生长期和花果期可适当施用硫酸锌、硼砂、硫酸镁肥。

13. 脐橙叶面施肥应注意哪些问题?

脐橙叶面吸收养分主要是在水溶液状态下渗透进入组织,所以叶面施肥喷布浓度不宜过高,尤其是生长前期枝叶幼嫩时,应使用较低浓度;后期枝叶老熟,浓度可适当加大。但喷布次数不宜过多,如尿素使用浓度为0.2%～0.4%,连续使用次数较多时,会因尿素中含有的缩二脲而引起中毒,使叶尖变黄,这样反而有害。叶面喷肥应选择阴天或晴天无风的上午10时前或下午4时后进行。喷施应细致均匀，注意喷布叶背面，一般喷至叶片开始滴水珠为度，喷施后下雨，效果差或无效应补喷。喷布浓度严格按要求进行，不可超量，尤其是晴天更应引起重视，否则由于高温干燥水分蒸发快，容易发生肥害。为了节省劳力，在不产生药害的情况下，根外追肥可与农药或生长调节剂混用，这样可起到保花保果、施肥和防治病虫害的多种作用。但各种药液混用时，应注意合理搭配。常用根外追肥的适宜浓度如表3-1所示。

表3-1　常用根外追肥的适宜浓度

肥料种类	浓度(%)	喷施时期	喷施效果
尿　素	0.1～0.3	萌芽、展叶、开花至采果	提高坐果，促进生长
硫酸铵	0.2～0.3	萌芽、展叶、开花至采果	提高坐果，促进生长
过磷酸钙	1～2	新梢停长至花芽分化	促进花芽分化
硫酸钾	0.3～0.5	生理落果至采果前	果实增大，品质提高
硝酸钾	0.3～0.5	生理落果至采果前	果实增大，品质提高
草木灰	2～3	生理落果至采果前	果实增大，品质提高
磷酸二氢钾	0.1～0.3	生理落果至采果前	果实增大，品质提高
硼砂、硼酸	0.1～0.2	发芽后至开花前	提高坐果率
硫酸锌	0.1	萌芽前、开花期	防治小叶病
柠檬酸铁	0.05～0.1	生长季	防缺铁黄叶病
硫酸锰	0.05～0.1	春梢萌发前后和始花期	提高产量，促进生长
钼　肥	0.1～0.2	花蕾期、膨果期	增产

14. 怎样矫治脐橙缺氮症？

(1)全氮含量诊断标准　脐橙4～10个月叶龄的结果枝叶，全氮含量以2.2%～3%时为适量。低于2%时则为缺氮，超过

3.6%时则为过剩。

(2)缺氮症状　脐橙缺氮时新梢生长缓慢，叶片小而薄，叶色淡绿色至黄绿色，小枝停止生长较早。严重时叶色褪绿黄化，老叶发黄，树顶部呈黄色，叶片簇生，无光泽，暗绿色。部分叶片先形成不规则绿色和黄色的杂色斑块，最后全叶发黄而脱落。花少而小，无叶花多，落花落果多，坐果率低。老叶有灼伤斑，果皮粗厚，果心大，果小，味酸，汁少，多渣。果实着色和成熟延迟，果实品质差，风味变淡。严重缺氮时，枝梢枯死，树势极度衰退，形成光秃树冠，易形成"小老树"。

(3)缺氮原因　土壤瘠薄，肥力低下，氮肥供应不足；轻沙质土壤保肥力差，氮素流失量大；多雨季节脐橙园积水，土壤硝化作用不良，可给态氮减少；钾肥过多，进而影响氮的吸收利用。

(4)矫治方法　①新建脐橙园，土壤熟化程度低，土壤结构差，有机质贫乏，应增施有机肥，改良土壤结构，提高土壤的保氮和供氮能力，防止缺氮症的发生。②合理施用基肥，基肥以有机肥为主，适当增施氮肥。春梢萌发和果实膨大期，应及时追肥，追肥以氮肥为主，配合磷、钾肥，以满足树体对氮素的需求，特别是在雨水多的季节，氮素易遭雨水淋溶而流失，应注重氮肥的施用。对已发生缺氮症的脐橙树，可用0.3%～0.5%尿素溶液，或0.3%硫酸铵或硝酸铵溶液叶面喷施，一般连续喷施2～3次即可矫治。③加强水分管理。雨季应加强果园排水，防止积水，尤其是低洼地的脐橙园，以免发生根系因无氧呼吸造成的黑根、烂根现象。旱季及时灌水，保证根系生长发育良好，有利于养分的吸收，防止缺氮症的发生。

15. 怎样矫治脐橙缺磷症？

(1)磷含量诊断标准　脐橙4～10个月叶龄的结果枝叶，全磷含量以0.12%～0.16%时为适量。低于0.1%时则为缺磷，超过

0.3%时则为磷过剩。

(2)缺磷症状　脐橙缺磷时，根系生长不良，吸收力减弱，叶少而小，枝条细弱，叶片失去光泽，呈青铜色，老叶呈古铜色，开花前后，老叶大量脱落。花少，新梢、春梢纤细。严重缺磷时，下部老叶趋向紫红色，新梢停止生长，花量少，坐果率低，形成的果实皮粗而厚，着色不良，果心大，味酸，汁少，多渣，品质差，易形成"小老树"。

(3)缺磷原因　过酸的红壤土，磷素易被固定而引起有效磷的缺乏；在干旱的土壤中，磷素不易被吸收；在沙质土壤中，磷易流失；施肥不当，如氮肥、钾肥用量过高，也影响脐橙树对磷的吸收。

(4)矫治方法　①在红壤丘陵山地栽种脐橙时，酸性土壤上应增施石灰，调节土壤 pH 值，以减少土壤对磷的固定，提高土壤中磷的有效性。同时，还应增施有机肥，改良土壤，通过微生物的活动促进磷的转化与释放。②合理施用磷肥。酸性土壤上宜选用钙镁磷肥。磷肥的施用期宜早不宜迟，一般在秋冬季结合有机肥作基肥施用，可提高磷肥的利用率。对已发生缺磷症状的脐橙树，可在脐橙生长季节用 0.2%～0.3%磷酸二氢钾溶液，或 1%～3%过磷酸钙溶液，或 0.5%～1%磷酸二铵溶液进行叶面喷施。③加强果园排水，尤其是低洼地果园，地下水位高，要防止果园积水，避免根系因无氧呼吸造成黑根、烂根现象。雨季及时排水，可提高土壤温度，保证脐橙根系生长发育良好，增加对土壤中磷的吸收。

16. 怎样矫治脐橙缺钾症？

(1)钾含量诊断标准　脐橙 4～10 个月叶龄的结果枝叶，全钾含量以 1%～1.6%时为适量。低于 0.3%时则为缺钾，超过 1.8%时则为钾过剩。

(2)缺钾症状　缺钾时老叶叶尖和叶缘部位开始黄化，随后向下部扩展，叶片变细并稍卷缩、皱缩，呈畸形，并有枯斑。新梢生长短小细弱。花量少，落花落果严重，果实变小，果皮薄而光滑，易裂

果,不耐贮藏。抗旱、抗寒能力降低。

(3)缺钾原因　沙质土壤含钾量较低;盐碱渍土含钙、镁较高,抑制了脐橙对钾的吸收;沙质土壤过多的地施用石灰,易诱发缺钾症。

(4)矫治方法　①增施有机肥和草木灰等,实行秸秆覆盖,充分利用生物钾肥资源,能有效地防止钾营养缺乏症的发生。②合理施用钾肥。尽量少用含氯的化学钾肥,因脐橙对氯离子比较敏感,通常施用硫酸钾代替氯化钾。对已发生缺钾症状的脐橙树,可在脐橙生长季节用0.3%～0.5%磷酸二氢钾溶液,或0.5%～1%硫酸钾溶液进行叶面喷施,也可用含钾浓度较高的草木灰浸出液进行根外追肥。③缺钾症的发生与氮肥施用过量有很大的关系。应控制氮肥用量,增施钾肥,以保证养分平衡,避免缺钾症的发生。④加强果园排水,尤其是低洼地果园,地下水位高,易造成果园积水。土壤水分过多,影响根系的呼吸作用,在无氧呼吸条件下,极易造成根系的黑根、烂根现象,根系生长发育不良,影响了根系对土壤中钾的吸收,易发生缺钾症。

17. 怎样矫治脐橙缺钙症?

(1)钙含量诊断标准　脐橙4～7个月叶龄的结果枝叶,钙含量以2.5%～4.5%时为适量。低于2%时则为缺钙,超过6%时则为钙过剩。

(2)缺钙症状　脐橙缺钙时,根尖受害,生长停滞,植株矮小,严重时可造成烂根,影响树势。多发生在春梢叶片上,表现为叶片顶端黄化,而后扩展到叶缘部位。叶片叶脉褪绿、狭小,叶幅比正常窄,呈狭长畸形,发黄并提前脱落。树冠上部的新梢短缩丛状,生长点枯死,树势衰弱。落花落果严重,坐果率低。果小味酸,果形不正,易裂果。

(3)缺钙原因　在酸性红壤土上栽植的脐橙树,叶片中钙含量

较低；在山坡地栽植的脐橙，如果水土流失严重，也易产生缺钙；土壤中的交换性钠浓度太高，长期施用酸性肥料和土壤改良剂，也能诱发脐橙缺钙症。

（4）矫治方法　①红壤山地开发的脐橙园，土壤结构差，有机质含量低，应增施有机肥料，改善土壤结构，增加土壤中可溶性钙的释放。②对已发生严重缺钙的果园，一次施肥不宜过多，特别要控制氮、钾化肥用量。一方面，氮、钾化肥用量过多，易与钙产生拮抗作用；另一方面，土壤盐浓度过高，会抑制脐橙根系对钙的吸收。叶面喷施钙肥一般在新叶期进行，通常用0.3%～0.5%硝酸钙溶液，或0.3%过磷酸钙浸出液，隔5～7天喷1次，连续喷2～3次。③酸性土壤上适量使用石灰，可每667米^{2}施石灰50～60千克，增加土壤钙含量。④土壤干旱缺水时，应及时灌水，保证根系生长发育良好，以免影响根系对钙的吸收。

18. 怎样矫治脐橙缺镁症？

（1）镁含量诊断标准　脐橙5～7个月叶龄的春梢营养枝叶，含镁量以0.3%～0.5%时为适量。低于0.2%时则为缺镁，超过0.6%时则为镁过剩。

（2）缺镁症状　缺镁时结果母枝和结果枝的中位叶叶脉间或沿主脉两侧出现肋骨状黄色区域，即出现黄斑或黄点，从叶缘向内褪色，形成倒“∧”形黄化，叶尖到叶基部保持倒三角形绿色，附近的营养枝叶色正常。老叶会出现主、侧脉肿大或木栓化。严重缺镁时，叶绿素不能正常形成，光合作用减弱，树势衰弱，开花结果少，果实着色差，味淡，出现枯梢，冬季大量落叶，有的病树采后开始大量落叶。病树易遭冻害，大小年结果明显。

（3）缺镁原因　沙性土壤和酸性土壤镁易流失，常发生缺镁症；强碱性土壤镁易变为不可给态镁，不能被吸收；过多施用磷、钾、锌、硼、锰肥，亦易妨碍镁的吸收利用。

(4)矫治方法　①一般可施用钙镁磷肥和硫酸镁等含镁肥料,每 667 米^2 施用 40～60 千克,补给土壤中镁的不足。②对已发生缺镁症状的脐橙树,可在脐橙生长季节用 1%～2%硫酸镁溶液进行叶面喷施,每隔 5～10 天喷 1 次,连续喷施 2～3 次。③在酸性土壤脐橙园,每株根际施入钙镁磷肥 1 千克,或氧化镁 1.5 千克;在中性稍酸土壤,每 667 米^2 施入硫酸镁 30～50 千克。④对缺镁的脐橙园可停止钾肥的施用。

19. 怎样矫治脐橙缺硫症?

(1)硫含量诊断标准　脐橙 4～7 个月叶龄的春梢营养枝叶,含硫量以 0.2%～0.3%时为适量。低于 0.13%时则为缺硫,超过 0.5%时则为硫过剩。

(2)缺硫症状　新梢叶像缺氮那样全叶明显发黄,随后枝梢发黄,叶变小,病叶提早脱落,但老叶仍为绿色,形成明显对照。患病叶主脉较其他部位黄一些,尤以主脉基部和翼叶部位更黄,且易脱落。抽生的新梢纤细,而且多呈丛生状。开花结果减少,成熟期延迟,果实小畸形、皮薄汁少。严重缺硫时,果肉汁胞干缩。

(3)缺硫原因　硫素在脐橙树体内移动性较差,新梢枝叶首先出现黄化;脐橙生长结果所需的硫素,主要来自土壤有机质,土壤有机质缺乏的脐橙园,容易产生缺硫;土壤中钼素过多,对硫产生拮抗作用,妨碍硫的吸收。

(4)矫治方法　①新建脐橙园,土壤熟化程度低,有机质贫乏,应增施有机肥,同时,每 667 米^2 施入石膏 60 千克、硫磺粉 20 千克,提高土壤有机质和硫的含量,改良土壤结构,有利土壤保水保肥,促进脐橙根系的生长发育和对硫的吸收利用。②施用含硫肥料,如硫酸铵、硫酸钾等。对已发生缺硫症状的脐橙树,可在脐橙生长季节用 0.3%硫酸锌或硫酸锰或硫酸铜溶液进行叶面喷施,每隔 5～7 天喷 1 次,连续喷施 2～3 次。③土壤含钼素较多的脐橙园，要适当加大施硫量。

20. 怎样矫治脐橙缺铁症？

（1）铁含量诊断标准　脐橙 4～10 个月叶龄的结果枝叶，铁含量以 60～120 毫克/千克时为适量。低于 35 毫克/千克时则为缺铁，超过 150 毫克/千克时则为铁过剩。

（2）缺铁症状　缺铁时，幼嫩新梢叶片黄化，叶肉黄白色，叶脉仍保持绿色，呈极细的绿色网状脉，而且脉纹清晰可见。随着缺铁程度加重，叶片除主脉保持绿色外，其余均黄白化。严重缺铁时，叶缘也会枯焦褐变，叶片提前脱落。枝梢生长衰弱，果皮着色不良、淡黄色，味淡而酸。

（3）缺铁原因　碱性、盐碱性或含钙质多的土壤中，可溶性二价铁转化为不可溶性的三价铁盐而沉淀，从而引起缺铁；土壤中缺锌、缺镁和缺锰，均会伴随发生缺铁；枳砧脐橙易表现出缺铁，而枸头橙砧脐橙却比较抗缺铁。

（4）矫治方法　①改良土壤结构，增加土壤通透性，提高土壤中铁的有效性和脐橙根系对铁的吸收能力。②磷肥、锌肥、铜肥、锰肥等肥料的施用要适量，以免这些营养元素过量对铁的拮抗作用，而发生缺铁症。③对已发生缺铁症状的脐橙树，可在脐橙生长季节用 0.3%～0.5%硫酸亚铁溶液进行叶面喷施，每隔 5～7 天喷 1 次，连续喷施 2～3 次。值得注意的是，在挂果期不能喷布树冠，以免烧伤果面，造成伤疤，影响果品商品价值。④对缺铁枳砧脐橙树，用枸头橙砧或香橙靠接，可减轻缺铁黄化程度。

21. 怎样矫治脐橙缺锰症？

（1）锰含量诊断标准　脐橙 4～10 个月叶龄的结果枝叶，含锰量以 25～100 毫克/千克时为适量。低于 20 毫克/千克时则为缺锰，超过 200 毫克/千克时则为锰过剩。

(2)缺锰症状　脐橙缺锰时，大多在新叶叶脉之间出现淡绿色的斑点或条斑，随着叶片成熟，叶片花纹消失，症状越来越明显，淡绿色或淡黄绿色的区域随着病情加剧而扩大。最后叶片部分留下明显的绿斑，严重时则变成褐色，中脉区出现黄色和白色小斑点，引起落叶，果皮色淡发黄、变软。缺锰还会使部分小枝枯死。缺锰多发生于春季低温干旱时的新梢转绿期。

(3)缺锰原因　在沙质土壤、酸性红壤和石灰性紫色土壤，均存在缺锰和缺锌；水土流失严重的脐橙园，易产生锰的缺乏症；缺锌和缺铁、锰等症状同时发生，凡缺锌严重的脐橙园也同样缺锰。

(4)矫治方法　①新建脐橙园，土壤熟化程度低，有机质贫乏，应增施有机肥和硫磺，改良土壤结构，提高土壤锰的有效性和脐橙根系对锰的吸收能力。②合理施肥，保持土壤养分平衡，可有效地防止缺锰症的发生。③适量施用石灰，以防超量施用降低土壤有效锰。④雨水多的季节，淋溶强烈，易造成土壤有效锰的缺乏。对已发生缺锰症状的脐橙树，在嫩梢芽长 10 厘米左右时，在 50 升水中加农用硫酸锰 125 克，用配制液对整株喷布 1 次。在脐橙生长季节用 0.5%～1%硫酸锰溶液进行叶面喷施，每隔 5～7 天喷 1 次，连续喷施 2～3 次。

22. 怎样矫治脐橙缺硼症？

(1)硼含量诊断标准　脐橙 4～7 个月叶龄的春梢营养枝叶，含硼量以 26～100 毫克/千克时为适量。低于 15 毫克/千克时则为缺硼，超过 250 毫克/千克时则为硼过剩。

(2)缺硼症状　缺硼时，初期新梢叶片出现黄色不规则形的水渍状斑点，叶片卷曲、无光泽，呈古铜色、褐色以至黄色。叶片畸形，叶脉发黄增粗，主侧脉肿大，叶脉表皮开裂且木栓化；新芽丛生，花器萎缩，落花落果严重，果实发育不良，果小而畸形，幼果发僵发黑、易脱落，成熟果小、皮红、汁少、味酸，品质低劣。严重缺硼

时，嫩叶基部坏死，树顶部生长受到抑制，树上出现枯枝落叶，树冠呈秃顶状，有时还可看到叶柄断裂，叶倒挂在枝梢上，最后枯萎脱落。果皮变厚变硬，表面粗糙呈瘤状，果皮及中心柱有褐色胶状物，果小，畸形，坚硬如石，汁胞干瘪，渣多汁少，淡而无味。

(3)缺硼原因　土壤瘠薄，有机质含量低，使硼处于难溶状态；碱性钙质土和施石灰过多的脐橙园，硼易被钙固定而难以溶解；以酸橙作砧木的脐橙园容易缺硼；土壤干旱及老化的脐橙园也易缺硼。

(4)矫治方法　①改良土壤，培肥地力，增强土壤的保水供水性能，促进脐橙根系的生长发育及其对硼的吸收利用。②合理施肥，防止氮肥过量，通过增施有机肥、套种绿肥，提高土壤的有效硼含量，增加土壤供硼能力。③雨季加强果园排水，减少土壤有效硼的固定和流失，防止果园积水，以免发生根系因无氧呼吸造成的黑根、烂根现象，降低根系的吸收功能。夏秋干旱季节，脐橙园及时覆盖或灌水，保证脐橙根系生长健壮，有利于养分的吸收，防止缺硼症的发生。④对已发生缺硼症状的脐橙树，可土施硼砂。土施时，最好与有机肥配合施用，用量视树体大小而定，一般小树每株施硼砂 10～20 克，大树施 50 克。也可在脐橙生长季节用0.2%～0.3%硼砂溶液进行叶面喷施，每隔 7～10 天喷 1 次，连续喷施2～3 次，最好加等量的石灰，以防药害。严重缺硼的脐橙园还应在幼果期加喷 1 次 0.1%～0.2%硼砂溶液。值得注意的是，无论是土施还是叶面喷施，均要做到均匀施用，切忌过量，以防发生硼中毒；硼在树体内运转力差，以多次喷雾为好，至少保证 2 次，才能真正起到保花保果的作用。

23. 怎样矫治脐橙缺锌症?

(1)锌含量诊断标准　脐橙 4～7 个月叶龄的春梢营养枝叶，含锌量以 25～100 毫克/千克时为适量。低于 15 毫克/千克时则为缺锌，超过 200 毫克/千克时则为锌过剩。

(2)缺锌症状　脐橙缺锌时，枝梢生长受抑制，节间显著变短，叶窄而小，直立丛生，表现出簇叶病和小叶病，叶色褪绿，形成黄绿相间的花叶。抽生的新叶随着老熟，叶脉间出现黄色斑点，逐渐形成肋骨状的鲜明黄色斑块，严重时整个叶片呈淡黄色，新梢短而弱小。花芽分化不良，退化花多，落花落果严重，产量低。果小、皮厚汁少、味淡。同一株树向阳部位较荫蔽部位发病为重。

(3)缺锌原因　脐橙缺锌仅次于缺氮，发生较为普遍。这主要是土壤有机质缺乏，有效锌含量低所致。酸性红壤土中有效锌含量低；中性或碱性土壤，如紫色土和盐碱土中，锌往往是难溶状态，不容易被吸收利用；春季雨水过多，有效锌易流失，秋季干旱易降低锌的有效性。

(4)矫治方法　①增施有机肥，并结合施用锌肥。土施锌肥可用硫酸锌，改善土壤锌肥的供给状态，提高土壤锌的有效性和脐橙根系对锌的吸收能力。②合理施用磷肥，尤其是在缺锌的土壤上，更应注意磷肥与锌肥的配合施用；同时要避免磷肥过分集中施用，以免造成局部缺锌，诱发脐橙缺锌症的发生。③对已发生缺锌症状的脐橙树，可在发春梢前叶面喷0.4%～0.5%硫酸锌溶液，亦可在萌发后叶面喷 0.1%～0.2%硫酸锌溶液。在脐橙生长季节用 0.3%～0.5%硫酸锌溶液加 0.2%～0.3%石灰及 0.1%洗衣粉作展着剂，进行叶面喷施，每隔 5～7 天喷 1 次，连续喷施 2～3 次，也有较好的效果。严重缺锌的脐橙园，每 3 年根际施硫酸锌 1 次，一般视树冠大小，每株施 50～100 克。④搞好果园的排灌工作。春季雨水多，及时排除果园积水，并降低地下水位；干旱季节，加强灌溉，保证根系的正常生长和吸收功能，可防止脐橙缺锌症的发生。值得注意的是，叶面喷施锌肥最好不要在芽期进行，以免发生药害。锌肥的有效期较长，无论是土施还是叶面喷施均无须年年施用。

24. 怎样矫治脐橙缺铜症?

(1)铜含量诊断标准　脐橙 4～7 个月叶龄的结果枝叶或营养枝叶,含铜量以 5～15 毫克/千克时为适量。低于 4 毫克/千克时则为缺铜,超过 20 毫克/千克时则为铜过剩。

(2)缺铜症状　脐橙缺铜时,幼枝长而柔软,上部扭曲下垂,初期表现为新梢生长曲折呈"S"形,叶片特别大,叶色暗绿,叶肉呈淡黄色的网状,叶形不规则,主脉弯曲;严重缺铜时,叶和枝的尖端枯死,幼嫩枝梢树皮上产生水泡,泡内积满褐色胶状物质,爆裂后流出,最后病枝枯死。幼果淡绿色,果实细小畸形,皮色淡黄光滑,易裂果,常纵裂或横裂,产生许多红棕色至黑色瘤,果皮厚而硬,果肉僵硬而脱落,果汁味淡。

(3)缺铜原因　酸性土壤、沙质土壤和石灰性沙土、草炭土中的铜素,容易淋溶流失;土壤过多地施用氮肥和磷肥,易影响铜的吸收,诱发缺铜;石灰施用量多的土壤,会使铜变为不溶性,不能被吸收而导致缺铜。

(4)矫治方法　①在红壤山地开发的脐橙园,应适量增施石灰,中和土壤酸性。同时,增施有机肥,改善土壤结构,提高土壤有效铜含量和脐橙根系对铜的吸收能力。②合理施用氮肥,配合磷、钾肥,保持养分平衡,防止氮肥施用过量,引发缺铜症的发生。对已发生缺铜症状的脐橙树,可在脐橙生长季节用 0.2%硫酸铜溶液进行叶面喷施,最好加少量的熟石灰(0.15%～0.25%),以防发生肥害,每隔 5～7 天喷 1 次,连续喷施 2～3 次。③用 0.5%硫酸铜溶液浇施脐橙树根际。

25. 脐橙园灌水方法有哪几种?

山地脐橙园灌溉水源多依赖修筑水库、水塘拦蓄山水,也可利用地下井水或江河水,引水上山进行灌溉。合理的灌溉,既符合节约用水，充分发挥水的效能，又可减少对土壤的冲刷。常用的灌溉方法有沟灌、浇灌、蓄水灌溉、喷灌和滴灌。

（1）沟灌　平地脐橙园，在行间挖深20～25厘米的灌溉沟，使之与输水道垂直并稍有比降，实行自流灌溉，灌溉水由沟底、沟壁渗入土中。山地梯田可以利用台后沟（背沟）引水至株间灌溉。山地脐橙园因地势不平坦，灌溉之前，可在树冠滴水线外缘开环状沟，并在外沟缘围筑一小土埂，逐株将水引入沟内或树盘中。灌水完毕，将土填平。此法用水经济，全园土壤可均匀浸湿。但应注意，灌水切勿过量。

（2）浇灌　在水源不足或幼龄脐橙零星分布种植的地区，可采用人力排水或动力引水皮管浇灌。一般在树冠下地面开环状沟、穴沟或盘沟进行浇水。这种方法费工费时，为了提高抗旱的效果，可结合施肥进行，在每50升水中加入4～5勺人粪尿，或0.1～0.15千克尿素，浇灌后即进行覆土。该法简单易行，目前在生产中应用极为普遍。

（3）蓄水灌溉　在果园内挖蓄水池，降雨时集中雨水到池内，以备干旱时解决水源不足。水池规格为长3.5米、宽2.5米、深1.2米，池内表面抹水泥或混凝土，以防水渗。1个水池可蓄水10米^3，每1 200～1 800米^{2}果园修筑1个水池，基本可以解决1次灌溉的需水量。还可利用池水配制农药，节约挑水用工。

（4）喷灌　喷灌是利用水泵、管道系统及喷头等机械设备，在一定的压力下将水喷到空中分散成细小水滴灌溉植株的一种方法。优点是减少径流，省工省水，改善果园的小气候，减少对土壤结构的破坏，保持水土，防止返盐，不受地域限制等。缺点是投资较大，实际应用有些困难。

（5）滴灌　滴灌又称滴水灌溉，是将有一定压力的水，通过系列管道和特制毛细管滴头，将水呈滴状渗入果树根系范围的土层，使土壤保持脐橙生长最适宜的水分条件。优点是省水省工，可有效地防止表面蒸发和深层渗透，不破坏土壤结构，增产效果好。滴灌不受地形限制，更适合于水源紧缺，地势起伏的山地脐橙园。滴灌与施肥结合，可提高工效，节省肥料。缺点是滴灌的管道和滴头易堵塞。

（二）疑难问题

1. 脐橙园怎样种植与利用绿肥？

（1）种植绿肥的作用　脐橙园种植绿肥可增加土壤的有机质，提高土壤的氮素含量，改善土壤的理化性质，还可以为脐橙园护坡固沙。

（2）绿肥的种类　我国南方脐橙园常用的夏季绿肥作物品种有印度豇豆、猪屎豆、竹豆、大豆、四季绿豆和印尼绿豆等，播种期为4～5月份。冬季绿肥作物品种有肥田萝卜、箭筈豌豆、紫云英、蚕豆、油菜和黑麦草等，播种期为10～11月份。

（3）绿肥翻压　①翻压时间。翻压夏季绿肥的时间为9～11月份，翻压冬季绿肥的时间为3～5月份。②翻压深度。在脐橙树树冠滴水线下扩穴或撩壕进翻压，沟深、宽各为50～70厘米，将表土和心土分开放置。③翻压方法。将绿肥切碎，分3～4层和其他厩肥、堆肥与土杂肥等，一并拌和均匀，填入沟内。绿肥也可制成堆肥后用于改土。还可先作饲料，然后用粪肥改土。

2. 怎样利用石灰调节脐橙园红壤土质的酸性？

脐橙大多栽种在红壤丘陵山地，红壤土质结构差，肥力低，呈酸性。脐橙喜微酸性土壤，土壤pH值以5.5～6.5为宜。新开垦的脐橙园酸性偏重，微生物活动减弱，营养元素分解慢，影响根系对营养物质的吸收。据资料介绍，当土壤pH值在5以下时，易使

土壤中铝、锰、铁变为可溶性而导致过量，对脐橙根系产生毒害。当土壤 pH 值在 4 左右时，会使土壤中磷、钙、镁、钼缺乏，容易使脐橙发生缺绿症。

酸性红壤土的改良方法，主要是施用适量石灰，调节土壤酸碱度。同时，还应施用大量有机肥料改良土壤。酸性土壤脐橙园石灰施用量如表 3-2 所示。

表 3-2 酸性土壤脐橙园石灰施用量 （单位：千克/667 米^2）

土壤 pH 值	沙　土	沙壤土	壤　土	黏壤土	黏　土
4.9 以下	40.0	80.0	133.3	173.3	226.3
5～5.4	26.6	53.3	80.0	106.6	133.3
5.5～5.9	13.3	33.3	40.0	53.3	66.6
6.0～6.4	6.5	13.3	20.0	26.6	38.3
6.5 以上	—	—	—	—	—
备注：此量为碳酸钙的用量，生石灰为该量的 56%，消石灰为该量的 75%。					

注：按土层深 10 厘米计算。摘自俞立达等《橘柑橙柚施肥技术》。

3. 怎样确定脐橙园灌水时期？

在脐橙生长季节，当自然降水不能满足其生长、结果需要时，必须灌水。正确的灌水时期，不是等脐橙已从形态上显露出缺水状态（如果实皱缩、叶片卷曲等）时再灌溉，而是要在脐橙未受到缺水影响以前进行。确定脐橙园灌水时期的方法有以下 4 种。一是测定土壤含水量。常用烘箱烘干法，在主要根系分布层、10～25 厘米土层，红壤土含水量为 18%～21%、沙壤土含水量为 16%～18%时，即应灌水。二是果径测量。在果实停止发育增大时，即为果实膨大期需灌水期。三是土壤成团状况。在 5～20 厘米土层处取土，壤土或沙壤土果园，用力紧握土不成团，轻碰即散，则要灌水；黏土果园，就算可以紧握成团，轻碰即裂，也需要灌水。四是土壤水分张力计应用。目前已有较多的果园用来指导灌水，一般认为，当土壤含水量降低到田间最大持水量的60%时，接近“萎蔫系数”即应灌水。实际生产中应关注以下4个灌溉时期。

(1)高温干旱期　夏秋干旱季节，尤其是7～8月份温度高，蒸发量大，此期正值脐橙果实迅速膨大和秋梢生长时，需要大量水分。缺水会抑制新梢生长，影响果实发育，甚至造成大量落果。所以，7～8月份高温干旱期，是脐橙需水的关键时期。

(2)开花期和生理落果期　脐橙开花期和生理落果期气温高达30℃以上，或遇干热风时，极易造成大量落花落果，必须及时地对果园进行灌溉，或采取树冠喷水，进行保花保果，尤其是对防止异常落花落果，效果十分明显。

(3)果实采收后期　果实中含有大量水分，采果后，树体因果实带走大量的水分，而出现水分亏缺现象，破坏了树体原有的水分平衡状态，再加上天气干旱，极易引起大量落叶。为了迅速恢复树势，减少落叶，可结合施基肥，及时灌采(果)后水，以促使根系吸收和叶片的光合效能，增加树体的养分积累，有利于恢复树势，提高花芽分化质量，为树体安全越冬和翌年丰产打好基础。

(4)寒潮来临前期　一般在12月份至翌年1月份，常常遭受低温侵袭，使脐橙园出现冻害，引起大量的果实受冻，影响果实品质。为此，在寒潮来临之前，果园进行灌水，对减轻冻害十分有效。

4. 怎样鉴别假劣化肥？

从目前化肥的质量来看，大部分产品是达标的，但也不乏质次及假冒伪劣产品。在大量购肥时，为了谨防上当受骗，对有所质疑的化肥，可采用一些简便方法鉴别。

(1)外观鉴别法

①看肥料包装　正规厂家生产的肥料，其外包装规范，包装袋结实、封口严密。一般标注有生产许可证、执行标准、登记许可证、

商标、产品名称、养分含量（等级）、净重、厂名、厂址等；假冒伪劣肥料的包装一般较粗糙，包装袋上信息标示不清，包装袋质量差，易破漏。

②看肥料的粒度（或结晶状态） 氮肥（除石灰氮外）和钾肥多为白色晶体状或颗粒状，加拿大生产的钾肥，常为红褐色；磷肥多为块状或粉末状的非晶体，大多颜色较深，多为灰色或灰黑色。例如，钙镁磷肥为粉末状，过磷酸钙则多为多孔、块状；优质复合肥粒度和比重较均一、表面光滑、不易吸湿和结块。而假劣肥料恰恰相反，肥料颗粒大小不均、粗糙、湿度大、易结块。

③看肥料的颜色 不同肥料有其特有的颜色，氮肥除石灰氮外几乎全为白色，有些略带黄褐色或浅蓝色（添加其他成分的除外）；钾肥为白色或略带红色，如磷酸二氢钾呈白色；磷肥多为暗灰色，如过磷酸钙、钙镁磷肥是灰色，磷酸二铵为褐色等。

（2）化学性质鉴别法 鉴别硫酸钾和氯化钾时，加入5%氯化钡溶液，产生白色沉淀者为硫酸钾；加入1%硝酸银时，产生白色絮状物者为氯化钾。鉴别过磷酸钙和钙镁磷肥时，可根据以下化学性质进行，过磷酸钙有酸味，部分可溶解于水，而钙镁磷肥则不溶于水。

（3）触摸鉴别 将肥料放在手心，用力握住或按压转动，根据手感来判断肥料。利用这种方法，判别美国磷酸二铵较为有效，抓一把肥料用力握几次，有“油湿”感的即为正品；干燥如初的则很可能是假冒的。此外，用粉煤灰冒充的磷肥，也可以通过“手感”，进行简易判断。

（4）气味鉴别 通过肥料的特殊气味来简单判断，如碳酸氢铵有强烈氨臭味，硫酸铵略有酸味，过磷酸钙有酸味。而假冒伪劣肥料则气味不明显。

（5）熔融情况鉴别法 将化肥样品加热或燃烧，从熔融情况、烟味、残留物情况等识别肥料。如熔融成液体或半液体的，是硝酸铵、尿素、硫酸铵、硝酸钙等；如不熔融仍为固体的，是磷肥、钾肥或石灰氮。不熔融，直接分解或升华发生大量白烟，有强烈的氨味和酸味，无残留物，是氯化铵。能迅速熔化，冒白烟，投入炭火中能燃烧，或取一玻璃片接触白烟时，可见玻璃片上附有一层白色结晶物，是尿素。

(6)火烤鉴别　将氮肥投入烧红的炭火上，燃烧并发亮的为硝酸盐类，出现黄色火焰的为硝酸钠，出现紫色火焰的为硝酸钾。燃烧时不发亮，加入5%氯化钡，有白色沉淀者即为硫酸铵。将过磷酸钙、钙镁磷肥、磷矿粉等磷肥投入烧红的木炭上无变化；骨粉则迅速变黑，并放出焦臭味。硫酸钾、氯化钾、硝酸钾等钾肥在红木炭上无变化，发出噼啪声。复混肥料燃烧与其构成原料密切相关，当其原料中有氨态氮或酰胺态氮时，会放出强烈氨味，并有大量残渣。

(7)溶解度鉴别　如果通过外表观察不易识别化肥品种，可根据在水中溶解状况加以区别。将肥料颗粒撒于潮湿地面或用少量水湿润，过一段时间后，可根据肥料的溶解情况进行判断。硝酸铵、磷酸二铵、硫酸钾、氯化钾等可以完全溶解(化)，过磷酸钙、重过磷酸钙、硝酸铵钙等部分溶解，复合肥颗粒会发散、溶解或有少许残留物。而假劣肥料溶解性很差或根本不溶解(除磷肥)。

当然，以上仅为最直观和最简单的识别方法，还不能对肥料做出精确的判断。如想准确地了解肥料中养分含量，区分真假化肥，最好将肥料送到当地农业科学院化肥研究室进行化验鉴定。

5. 怎样避免幼龄脐橙树发生肥害？

(1)土壤施肥　幼龄脐橙树施肥应做到薄肥勤施，避免肥害。生产中应注意：一是饼肥应堆沤。麸饼应用粪池沤制，花生麸经50～60天、黄豆饼经80～90天才能充分腐熟。堆沤时加入一些猪牛栏粪及过磷酸钙，可加快腐熟。充分腐熟的麸饼液肥应是乌黑色，无白色渣粒，搅动无酸臭刺鼻气味，气泡少。二是化肥应少量。化肥用量过多易引起肥害，致使根系和枝叶脱水，严重时根发黑死亡，枝叶焦枯脱落，甚至整株死亡。施用化肥时须少量、均匀，土壤湿润时，每平方米撒施尿素量在 50 克左右；土壤湿度小时，应尽量掺水或溶于粪水中施用。

(2)叶面追肥　幼龄脐橙树在进行叶面施肥时，要严格掌握好施用浓度和次数，并要选择好合适的施用时间，才能避免肥害的发生。一是施用浓度。幼龄脐橙树在进行叶面施肥时，施用浓度不宜过高，尤其是生长前期枝叶幼嫩时，应使用较低浓度，后期枝叶老熟，浓度可适当加大。二是施用次数。幼龄脐橙树在进行叶面施肥时，喷布次数不宜过多，如尿素使用浓度为 0.2%～0.4%，连续使用次数较多时，会因尿素中含缩二脲引起中毒，使叶尖变黄，造成肥害。三是施用时间。幼龄脐橙树在进行叶面施肥时，应选择阴天或晴天无风的上午 10 时前或下午 4 时后进行，喷布浓度严格按要求进行，不可超量，尤其是晴天更应引起重视。否则，由于高温干燥水分蒸发太快，浓度很快增高，容易发生肥害。

四、脐橙整形修剪技术

(一)关键技术

1. 脐橙应采用什么样的树形?

根据脐橙生长特性,生产中一般采用自然圆头形树形(图4-1)和自然开心形树形(图 4-2)。

图 4-1　自然圆头形树形

图 4-2　自然开心形树形

(1)自然圆头形　自然圆头形树形,符合脐橙树的自然生长习性,容易整形和培育。其树冠结构特点是:接近自然生长状态,主干高度为 30～40 厘米,没有明显的中心干,由若干粗壮的主枝、副主枝构成树冠骨架。主枝数为 4～5 个,主枝与主干呈 45°～50°角,每个主枝上配置 2～3 个副主枝,第一副主枝距主干约 30 厘

米，第二副主枝距第一副主枝 20～25 厘米，并与第一副主枝方向相反，副主枝与主干呈 50°～70°角。通观整棵脐橙树，树冠紧凑饱满，呈圆头形。

(2)自然开心形　自然开心形树形，树冠形成快，进入结果期早，果实发育好，品质优良，而且丰产后修剪量小。其树冠结构特点是:主干高度为 30～35 厘米，没有中心干，主枝 3 个，主枝与主干呈 40°～45°角，主枝间距约 10 厘米，分布均匀，方位角约呈 120°，各主枝上按相距 30～40 厘米的标准，配置 2～3 个方向相互错开的副主枝。第一副主枝距主干约 30 厘米，并与主干呈 60°～70°角。这种状态的脐橙树形，骨干枝较少，多斜直向上生长，枝条分布均匀，从属分明，树冠开张，开心而不露干，树冠表面呈多凹凸形状，阳光能透进树冠的内部。

2. 幼龄脐橙树怎样进行整形?

(1)自然圆头形的整形过程

①第一年　定植后，在春梢萌芽前将苗木留 50～60 厘米短截定干，剪口芽以下 20 厘米长的范围为整形带，整形带以下即为主干。在主干上萌发的枝、芽应及时抹除，保持主干有 30～40 厘米高度，以促发分枝。整形带内当分枝长 4～6 厘米时，选留方位适当、分布均匀、长势健壮的 4～5 个分枝作主枝，其余的抹除。保留的新梢，在嫩叶初展时留 5～8 片叶后摘心，促其生长粗壮，提早老熟，促发下次梢。经过多次摘心处理后，有利于脐橙树枝梢生长，扩大树冠，加速树体成形。

②第二年　春季发芽前，短截主枝先端衰弱部分，抽发春梢后，在先端选留 1 个强梢作为主枝延长枝，其余的梢作侧枝。在距主干 30 厘米处，选留第一副主枝。每次梢长 2～3 厘米时，要及时疏芽，调整枝梢。每条基梢上，春、夏、秋 3 次梢分别以选留 3～4 条为好。为使树势均匀，留梢时应注意强枝多留，弱枝少留。通常

春梢留5～6片叶、夏梢留6～8片叶摘心，以促使枝梢健壮。秋梢一般不摘心，以防发生晚秋梢。

③第三年　继续培养主枝和选留副主枝，配置侧枝，使树冠尽快扩大。在此期间，主枝要保持斜直生长，以维持生长强势。每个主枝上配置方向相互错开的2～3个副主枝。在整形过程中，要防止出现上、下副主枝、侧枝重叠生长的现象，以免影响光照（图4-3）。

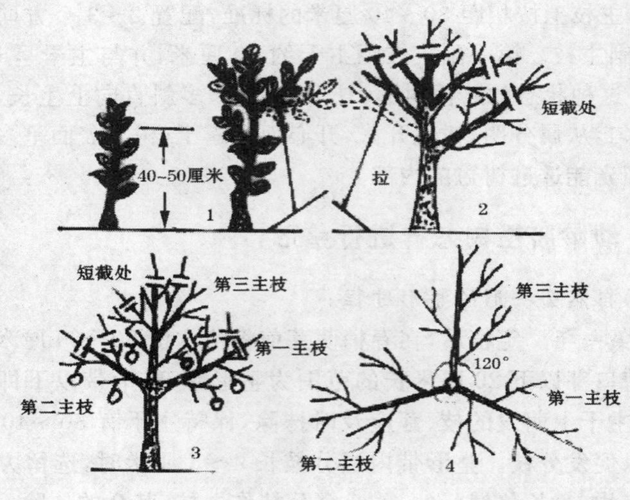

图4-3　自然圆头形树形的整形过程

1. 第一年整形　2. 第二年整形　3. 第三年整形　4. 俯视图

(2)自然开心形的整形过程

①第一年　定植后，在春梢萌芽前将苗木留50～60厘米长短截定干，剪口芽以下20厘米为整形带。在整形带内选择3个生长势强，分布均匀和相距10厘米左右的新梢，作为主枝培养，并使其与主干呈40°～45°角；对其余新梢，除少数作辅养枝外，其他的全

部抹去。整形带以下即为主干，在主干上萌发的枝和芽，应及时抹除，保持主干有30～35厘米高度。抽发春梢后，在先端选1个强梢作为主枝延长枝，其余的作侧枝。在距主干35厘米处，选留第一副主枝。以后，主枝先端如有强夏、秋梢发生，可留1个作主枝延长枝，其余的进行摘心。对主枝延长枝，一般留5～7个有效芽后下剪，以促发强枝。保留的新梢，根据其生长势，在嫩叶初展时留5～8片叶摘心。通过摘心，促其生长粗壮，提早老熟，促发下次梢，经过多次摘心处理后，有利于枝梢生长，扩大树冠，加速树体成形。

②第二年　在春季发芽前短截主枝先端衰弱部分。抽发春梢后，在先端选1个强梢作为主枝延长枝，其余的作侧枝。在距主干35厘米处，选留第一副主枝。以后，主枝先端如有强夏、秋梢发生，可留1个作主枝延长枝，其余的进行摘心。对主枝延长枝，一般留5～7个有效芽后下剪，以促发强枝。保留的新梢，根据其生长势，在嫩叶初展时留5～8片叶摘心。通过摘心，促其生长粗壮，提早老熟，促发下次梢，经过多次摘心处理后，有利于枝梢生长，扩大树冠，加速树体成形。

③第三年　继续培养主枝和选留副主枝，配置侧枝，使树冠尽快扩大。主枝要保持斜直生长，以保持生长强势。同时，陆续在各主枝上按相距30～40厘米的要求，选留方向相互错开的2～3个副主枝。副主枝与主干呈60°～70°角。在主枝与副主枝上，配置侧枝，促使其结果(图4-4)。

在脐橙幼树定植后2～3年内，对在春季形成的花蕾均予摘除。第三、第四年后，可让树冠内部、下部的辅养枝适量结果；对主枝上的花蕾，仍然予以摘除，以保证其生长强大，扩大树冠。

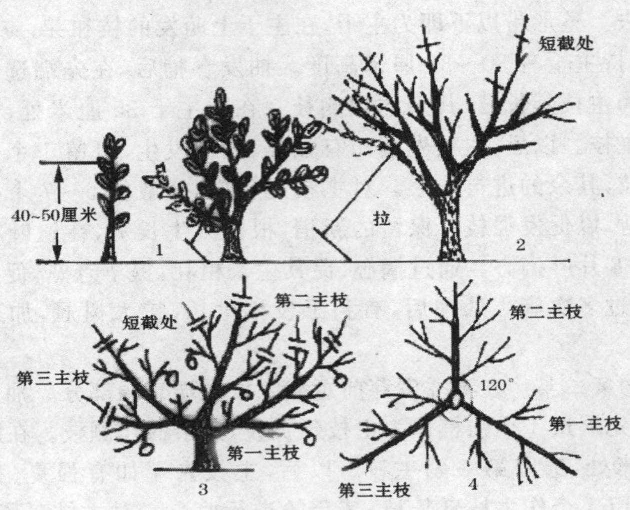

图 4-4　自然开心形树形的整形过程

1. 第一年整形　2. 第二年整形　3. 第三年整形　4. 俯视图

3. 幼龄脐橙树怎样进行修剪？

定植后至投产前 1～3 年生的脐橙树，称为幼龄树。脐橙幼龄树修剪量宜轻，应在整形的基础上，进行适当修剪，促使抽发春、夏、秋梢，使之尽快形成结果树冠。

(1)短截延长枝　幼树定植后，5 月下旬，在春梢老熟时，短截延长枝先端的衰弱部分，促发分枝，抽出较多的强壮夏梢。7 月中旬进行夏剪，一般将延长枝留 5～7 个有效芽后下剪，以促发多而强壮的秋梢，用于扩大树冠。通过剪口芽的选留方向和短截程度调节延长枝的方位和生长势。

(2)夏、秋长梢摘心　对于未投产的幼龄树，可利用夏、秋梢培育骨干枝，扩大树冠。长势强旺的夏、秋梢，可在嫩叶初展时留5～

8片叶摘心。通过摘心，促其生长粗壮，提早老熟，促发下次梢。经过多次摘心处理后，增加分枝，有利于枝梢生长，扩大树冠，加速树体成形。但是，在投产前1年放出的秋梢母枝，不能摘心，以免减少翌年的花量。

（3）疏芽与疏枝　在幼龄脐橙抽生春、夏、秋梢时，对于枝头丛生梢和枝条上过于密集的梢，按“三除一、五除二”的原则，进行疏芽或疏枝。同时，应注意疏剪扰乱树形的徒长枝和短截树冠内的交叉枝。

（4）疏剪无用枝梢　幼龄树修剪量宜轻，尽可能保留适宜的枝梢作为辅养枝。同时，适当疏剪少量密弱枝，剪除病虫枝和扰乱树形的徒长枝等无用枝梢，以节省养分，有利于扩大树冠。

（5）疏除花蕾　幼龄脐橙树树冠弱小，营养积累不足。如果过早开花结果，会影响枝梢生长，不利于树冠形成。因此，在脐橙幼龄树定植后2～3年内，应摘除花蕾。第三、第四年后，也只能让脐橙幼龄树在树冠内部、下部的辅养枝上适量结果，而主枝、副主枝上的花蕾，仍然要摘除，以保证脐橙幼树进一步生长，扩大树冠，直至达到理想的树形和树冠基本形成为止。

4. 脐橙初结果树怎样进行修剪?

脐橙树定植后3～4年开始结果，此期脐橙幼龄树既生长，又结果，生产中应以生长为主，继续扩大树冠，使其尽早进入结果盛期。

（1）促发春梢　随着脐橙幼树进入结果期，树冠中下部的春梢逐渐转化为结果母枝，而上部的春梢则是抽发新梢的基枝。因此，对树冠中下部的春梢，除纤弱梢外，其余的应尽量保留，让其结果。对树冠上部的春梢，可在春芽萌发期，适当短截主枝、副主枝、侧枝延长枝和外围长秋梢，疏去同一节位上的密生枝和过于弱的营养枝，并摘除树冠上部的花蕾，促发健壮春梢，以备夏剪促梢，继续扩

大树冠。在冬季，可对结果枝和落花落果枝短截 1/3～1/2，做到强枝少短截，弱枝重短截。经短截处理后，翌年可抽生强壮的春梢，进而继续抽生夏、秋梢，并成为良好的结果母枝。

（2）抹除夏梢　对挂果多的树，为防止其因抽发夏梢而加重生理落果，缓和生长与结果的矛盾，在 5～7 月份要及时抹除夏梢。通常是 3～5 天抹除 1 次，直到夏剪放梢时为止；对挂果少的树，应在夏、秋长梢嫩叶初展时留 5～8 片叶摘心，促其生长粗壮，提早老熟，促发下次梢。经过多次摘心处理后，能增加分枝，扩大树冠，加速树体成形。长势旺的夏、秋梢抽生较多时，可在冬季短截 1/3 数量的强夏、秋梢，保留春段或基部 2～3 个芽，让其抽生预备枝。保留 1/3 数量生长中等的夏、秋梢，作为结果母枝，使其开花结果。疏剪 1/3 数量的较弱夏、秋梢，减少结果母枝数量，减少花量，以节省树体养分。

（3）猛攻秋梢　秋梢是初结果脐橙幼树的主要结果母枝。在 6 月底至 7 月初，要对初结果的脐橙幼树重施壮果促梢肥。在 7 月下旬，对其树冠外围的斜生粗壮春梢，一律保留 3～4 个有效芽后进行短截。对于树势强、结果多的初结果脐橙幼树，可选择其树冠外围强壮的单顶果枝，留果枝基部的 3～4 个有效芽，剪除幼果，以果换梢。这样，通过对脐橙幼树采取猛攻秋梢的有效措施后，可使脐橙幼树促发足够数量的健壮秋梢，作为翌年优良的结果母枝。

（4）继续短截延长枝　在修剪中，采用拉枝方法，将主、侧枝延长枝拉至 70°左右的角，长势强的可拉至水平状，特别旺的可拉至下垂，以削弱顶端优势。同时，剪去延长枝先端的衰弱部分，以促使侧枝或基部的芽萌发抽枝，培育内膛和中下部的结果母枝，增加结果量。

此外，对初结果树的修剪，还应注意以下几点：①3～4 年生的脐橙树，以树冠中下部位结果较多。因此，对中、下部披垂枝不应轻易剪除，可在结果后逐步回缩修剪，提高枝梢位置。②在春、夏

季，要及时剪去树冠内膛抽发的徒长枝，以免扰乱树形或造成树冠郁闭。③对 5～6 年生的脐橙树，应注意“开天窗”，即剪除若干直立或生长过旺的枝组，防止树冠上部及外围成郁闭状态，使光线透入内膛，改善内膛光照，促使树冠中、下部正常结果。

5. 脐橙盛果期树怎样进行修剪？

脐橙盛果期树发枝力强，树冠郁闭，生长旺盛。若修剪不当，易造成树冠上强下弱，外密内空的后果。对这类强树要采取疏、短结合，适当疏剪外围密枝和短截部分内膛枝条，培养内膛结果枝组。

(1)春季修剪

①疏除树冠内 1～2 个大侧枝　对郁闭树，根据树冠大小，疏除中间或左右两侧 1～2 个大侧枝，实施“开天窗”，既控制旺长，又改善冠内光照条件，从而充分发挥树冠各部位枝条的结果能力。

②疏除冠外密弱枝　对树冠外围 1 个枝头的密集枝，要按“三去一，五去二”的原则疏除。对侧枝上密集的小枝，按 10～15 厘米的枝间距，去弱留强，间密留稀，改善树体光照条件，发挥树冠各部位枝条的结果能力。

③适当短截冠外部分强枝　对树冠外围强壮的枝梢，进行短截，促使分枝，形成结果枝组。同时，通过短截强壮枝梢，改善树冠内膛光照条件，培养内膛枝，使树冠上下里外立体结果。

④回缩徒长枝　脐橙结果树徒长枝长达 40 厘米左右，会扰乱树冠，消耗养分。对于徒长枝，可按着生位置不同进行修剪：如果徒长枝长在大枝上，没有利用空间，无保留的必要，则从基部及早疏除；徒长枝长在树冠空缺，位置恰当，有利用价值的，应在其 20 厘米处进行短截，促发新梢。通过回缩修剪，促使分枝，形成侧枝，填补空位，形成冠内结果枝组，培养紧凑树冠；对于长在末级枝上的徒长枝，一般不宜疏剪，可在停止生长前进行摘心，培养成结果

枝组。

(2)夏季修剪

①春梢摘心　在3～4月份,对旺长春梢进行摘心处理,削弱长势,缓和梢、果争夺养分的矛盾,提高坐果率。

②抹除夏梢　在5月下旬至7月上旬,及时抹除夏梢,每隔3～5天抹1次,防止夏梢大量萌发,冲落果实,有利于保果。

③疏剪郁闭枝　树冠比较郁闭的脐橙树,可在7月中下旬,疏剪密集部位的1～2个小侧枝,实施开"小天窗",改善树冠光照条件,培养树冠内膛结果枝组,防止树体早衰,延长盛果期年限。

④控梢促花　在9～10月份,对生长壮的枝梢进行扭枝处理。其方法是在枝梢长至30厘米尚未木质化时,从长壮枝梢基部以上5～10厘米处,把枝梢扭向生长相反的方向,即从基部扭转180°下垂,并掖在下半侧的枝腋间,可控制枝梢旺长,促使花芽分化。

⑤促发秋梢　在6月底至7月初,重施壮果促梢肥。在7月中下旬,对树冠外围的斜生粗壮春梢及落花落果枝,保留3～4个有效芽,进行短截,促发健壮秋梢,作为翌年优良的结果母枝。

6. 脐橙衰老树怎样进行修剪?

根据脐橙树冠衰老程度的不同,衰老树更新修剪分为轮换更新、露骨更新和主枝更新3种。

(1)轮换更新　轮换更新又称局部更新或枝组更新(图4-5),是一种较轻的更新修剪方法。例如,全树树体部分枝群衰退,尚有部分枝群有结果能力,应对衰退2～3年的侧枝进行短截,促发强壮新梢。可在2～3年内,有计划地轮换更新衰老的3～4年生侧枝,并疏除多余的基枝、侧枝和副主枝,即可更新全部树冠。注意保留强壮的枝组和中庸枝组,特别是有叶的枝要尽量保留。脐橙树在轮换更新期间,尚有一定产量,经过2～3年完成更新后,产量比更新前要高,但树冠有所缩小。再经过数年后,可以恢复到原来

的树冠大小。因此,衰老树采用这种方法处理效果较好。

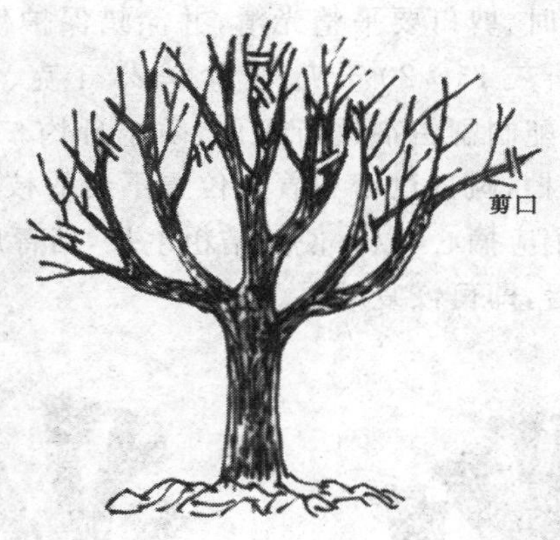

图 4-5 轮换更新示意图

(2)*露骨更新* 露骨更新又称中度更新或骨干枝更新(图 4-6),适用于那些不能结果的老树或很少结果的衰弱树。也适用于轻度衰老树,即属于发梢力差、结果很少的衰老树以及密植荫蔽植株。进行露骨更新,是在树冠外围将枝条在粗度为 2～3 厘米以下处短截,主要是疏除多余的基枝,或将 2～3 年生侧枝、重叠枝、副主枝,或 3～5 年生枝组,全部剪除,骨干枝基部保留,注意保留树冠中下部有叶片的枝条。露骨更新后,如果加强管理,当年便能恢复树冠,第二年即能获得一定的产量。更新时间,最好安排在每年新梢萌芽前,通常以在 3～6 月份进行为好。在高温干旱的脐橙产区,可在 1～2 月份春芽萌发前,进行露骨更新。

(3)*主枝更新* 主枝更新又称重度更新(图 4-7),是衰老树更新修剪中最重的 1 种。树势严重衰退的老树,在离主枝基部 70～100 厘米处锯断,将骨干枝强度短截,使之重新抽生新梢,形成新树冠。同时,进行适当范围的深耕、施肥,更新根群。老树回缩后,要经过2～3年才能恢复树冠,重新结果。一般在春梢萌芽前进行主枝更新,实施时,剪口要平整光滑,并涂蜡保护伤口。树干用稻草包扎或用生石灰15～20千克、食盐0.25千克、石硫合剂渣液1千克、水50升,配制刷白剂进行刷白,防止日灼。新梢萌发后,抹芽1～2次后放梢,疏去过密和着生位置不当的枝条,每枝留2～3条新梢。对长梢应摘心,以促使其增粗生长,培育成树冠骨架。第二年或第三年后,即可恢复结果。

图 4-6 露骨更新示意图

图 4-7 主枝更新示意图

7. 脐橙小老树怎样进行修剪和管理?

脐橙小老树,是指栽植6～7年以上甚至更长时间,未老先衰,树冠很矮小,新梢短而弱,叶片小而薄、色黄,很少结果,基本没有产量的树。造成小老树的原因,是由于苗木质量差和栽植后长期放任修剪,肥水管理跟不上等。对小老树应采取以下方法进行修剪和管理。

(1)适度重剪,恢复树势　3月上中旬,在剪除枯枝、病虫枝的同时,回缩2～3年生的衰弱侧枝,促使树冠内膛抽生强壮侧枝。同时,剪除徒长枝,疏剪密集枝和扫把枝,短截交叉枝,改善冠内通风透光条件。在新梢长20～25厘米时及时摘心,以培育合理的树冠结构。

(2)扩穴改土,更新根系　在地上部更新的同时,对地下部也要进行相应的更新。一般在树冠滴水线下开挖深、宽各为50～60厘米的施肥沟,及时剪除腐烂和衰退的根系,暴晒5～7天后,分2～3层回填腐熟的有机肥料,改良土壤,以促进发出大量的新根。

(3)高接换种　对于劣质品种,或接穗良种不适应当地立地条件的,一般于3～5月份选择适宜良种高接换种,提高良种的适应能力。

8. 脐橙大年树怎样进行修剪?

对脐橙大年结果树应控果促梢,减少花量,增加营养枝抽生。同时,采取大肥大剪,适量疏花疏果,促使抽出数量适当的枝梢,形成良好的结果母枝,达到连年丰产稳产。

(1)春季修剪　大年结果树春季修剪,主要是适当减少花量,促生春梢。所以,提倡重剪,以疏剪为主,短截为辅。

①疏剪　按去弱留强,删密留疏的原则,疏剪密生枝、并生枝、丛生枝、郁闭枝、病虫枝和交叉枝。着生在侧枝上的内膛枝,每隔10～15厘米保留1枝。同一基枝上并生的2～3枝结果母枝,应疏剪最弱的1枝。同时,疏除树冠上部和中部郁闭大枝1～2个,实施“开天窗”,使光照进入树冠内膛,改善树体通风透光条件。

②短截　短截过长的夏、秋梢母枝。因大年结果树能形成花芽的母枝过多,可疏除1/3弱母枝,短截1/3强母枝,保留1/3中庸母枝,以减少花量,促发营养生长。

③回缩　回缩衰弱枝组和落花落果枝组,留剪口更新枝。

(2)夏季修剪

①疏花　4月下旬开花时，摘去发育不良和病虫危害的畸形花。

②疏果　在7月上中旬第二次生理落果结束后，按25～30∶1的叶果比进行疏果，控制挂果过多。

③剪枝　在7月中旬左右，对树冠外围枝条进行适度重剪，短截部分结果枝组和落花落果枝组，促发秋梢，增加小年结果母枝。一般在放秋梢前20天，对落花落果枝和叶小、枝短弱的衰退枝组，在0.6厘米粗壮枝处短截，留下10厘米长的枝桩，促使抽生2～3条标准秋梢。剪除徒长枝和病虫枝，回缩衰弱枝和交叉枝，每株树剪口在50～60个及以上，使其有足够数量枝梢成为翌年结果母枝。

④扭枝　在9～10月份秋梢停止生长后，对长壮的夏、秋梢进行扭枝和大枝环割，促进花芽分化。目的是增加翌年花量，提高花的质量，克服大小年结果。

(3)冬季修剪　冬剪以疏剪为主，短截为辅，对枯枝、病虫枝、过密荫生枝进行疏剪，对细弱、无叶的光秃枝可多进行剪除，以减少无效花枝。徒长枝要短截，留下10厘米枝桩以抽发营养春梢。

9. 脐橙小年树怎样进行修剪？

对脐橙小年结果树应保果控梢，尽量保留结果的枝梢，采取小肥小剪，结合保花保果措施，控制好秋梢的抽生，减少枝梢数量，达到连年丰产稳产。

(1)春季修剪　小年结果树春季修剪主要是尽量保留较多的枝梢，保留当年花量，对夏、秋梢和内膛的弱春梢营养枝，能开花结果的尽量保留。适当抑制春梢营养枝的抽生，避免因梢、果矛盾冲落幼果。原则是提倡轻剪，尽可能保留各种结果母枝。

①疏剪　疏剪枯枝、病虫枝、受冻后的枯枝、过弱的郁闭枝。

在3月下旬显蕾时，根据花量，按“三除一，五除二”原则，去弱留强，并疏除丛状枝。

②短截　短截树冠外围的衰弱枝组和结果后的夏、秋梢结果母枝。剪口注意选留饱满芽，以便更新枝群。

③回缩　回缩结果后的果梗枝。

(2)夏季修剪

①控梢　在3月下旬抹去部分春梢，在4月下旬，对还未自剪的春梢强行摘心，防止旺长。在5月下旬至7月上旬，每隔5～7天，抹去夏梢1次，以防夏梢旺长，冲落幼果。

②环割　在4月末盛花期至5月初谢花期，在主枝或副主枝基部，根据树势环割1～2圈。

③剪枝　在7月中旬生理落果结束后，进行夏季修剪，对当年落花落果枝、弱春梢和内膛衰退枝等，要多短截0.6厘米粗的枝，留10厘米枝桩，促发标准的秋梢。同时，疏去部分未开花结果的衰弱枝组和密集枝梢，短截交叉枝，使树冠通风透光，枝梢健壮，提高产量。

(3)冬季修剪　只剪去枯枝、无叶枝及病虫枝，多保留强壮枝。对树冠的衰退枝要多疏剪，衰老枝要回缩。

10. 脐橙高接换种的意义及对品种的要求是什么？

(1)高接换种的意义　通过高接换种，充分利用了原有植株的强大根系和枝干，营养充足，能很快形成树冠，恢复树体，可以达到提早结果。脐橙高接换种对改造旧果园，更换良种园中混杂的劣株，实现良种区域化，提高产量和品质，加快良种选育等，都具有重要的意义。

(2)对品种的要求　高接品种应是经过试验证明，比原有品种更丰产，品质更优良，抗逆性更强，并具有较高市场竞争力的新品种，或是一些新选育和新引种的优良株系的接穗，通过高接，扩大接穗来源。被换接的品种：一是品种已发生退化，品质变劣，经过高接换种，可更换劣品种。二是需要调整品种结构，提高市场竞争力，以达到高产、优质、高效栽培。三是长期不结果的实生树，经过高接换种，可达到提早结果，提早丰产的目的。四是树龄较长，已经进入衰老阶段，或是长期失管的果园，树体衰弱，通过高接壮年树上的良种接穗，达到更新树体、恢复树势和提高产量的目的。

11. 脐橙高接换种的时期如何确定？其方法有哪些？

(1)时期　脐橙高接换种的时期，通常选择在春、秋两季较为适合。春季为2月下旬至4月份，秋季为8月下旬至10月份。由于气温超过24℃时，不适宜高接换种，因此夏季，即5月中旬至6月中旬，不宜进行大范围的高接换种，只能进行少量的补接。

(2)方法　脐橙高接换种，一般选用切接法、芽接法和腹接法。被接树枝较粗大时，也可选用劈接法。嫁接方法，除砧木的部位不同外，与苗圃嫁接方法基本相同。

①春季　春季可采用切接法、劈接法和腹接法。即在树枝上部，选用切接法，并保留1/3～1/4量辅养枝，以制造一定的养分，供给接穗及树体的生长；在树枝中部，砧木较粗大时，可采用劈接法，在砧桩切面上的切口中，可接1～2个接穗；在树枝的中下部，可采用腹接法。

②秋季　秋季可采用芽接法和腹接法，以芽接法为主，腹接法为辅。

③夏季　夏季可采用腹接法和芽接法，以腹接法为主，芽接法为辅。

12. 脐橙高接换种如何确定换种的部位？

脐橙高接换种的部位，应从树形和降低嫁接部位方面去考虑。①幼龄树可在一级主枝上15～25厘米处，采用切接法或劈接法，

接3～6 枝。②较大的树，在主干分枝点以上 1 米左右，选择直立、斜生的健壮主枝或粗侧枝，采用切接法或劈接法，在离分枝 15～20 厘米处锯断，进行嫁接。一般接 10～20 枝，具体嫁接数量，可根据树冠大小及需要而定；采用芽接法和腹接法的，则不必回缩，只要选择分布均匀、直径 3 厘米以下的侧枝中下部高接即可。高接时还要考虑枝条生长状态，直立枝接在外侧，斜生枝接在两侧，水平枝接在上方。

13. 脐橙高接换种后如何进行管理？

脐橙高接换种后的管理是高接换种成败的关键，主要进行以下几项管理。

（1）伤口消毒包膜，防止病菌入侵　高接换种时，采用芽接和腹接作业者，接后，立即用塑料薄膜包扎伤口，要求包扎紧密，防止伤口失水干燥，影响成活。对于高接树枝较粗者，通常采用切接和劈接法，作业时要求用 75％酒精进行伤口消毒，涂上树脂净或防腐剂（如油漆、石硫合剂等）进行防腐，然后包扎塑料薄膜，进行保湿。对于主干和主枝，可用 2％～3％石灰水（加少许食盐，增加黏着性）刷白，以防日灼和雨水、病菌侵入。

（2）检查成活，及时补接　高接后 10 天左右检查成活情况，凡接穗失去绿色，表明未接活，应立即补接。

（3）解膜、剪砧　春季，采用切接、劈接和腹接作业者，待伤口完全愈合后，接穗保持绿色者，及时解除薄膜，切忌过早除去包扎物，以免影响枝芽成活。夏季，采用腹接和芽接作业者，待伤口完全愈合后，接芽保持绿色者，及时解除薄膜，露出芽眼，并及时剪砧，以免影响接芽的生长。剪砧分 2 次进行，第一次剪砧的时间是在接穗芽萌发后，在离接口上方 15～20 厘米处剪断，保留的活桩可作新梢扶直之用。待新梢停止生长时，进行第二次剪砧，在接口处以 30°角斜剪去全部砧桩。要求剪口光滑，不伤及接芽新梢，伤口涂接蜡或沥青保护，以利愈合。

(4)及时除萌，促进接芽生长　高接后，在接穗萌发前及萌发抽梢后的生长期中，砧桩上常抽发大量萌蘖，要及时抹除，一般5～7天抹除1次，以免影响接芽生长。可用刀削去萌蘖芽眼，促使接穗新梢生长健壮。

(5)适时摘心整形，设立支柱护苗　高接后，当接芽抽梢20～25厘米长时，应摘心整形。摘心可促进新梢老熟，生长粗壮，及早抽生侧枝，增加分枝级数，促使树冠早形成，早结果。以后再次抽发的第二次梢和第三次梢，均应在20～25厘米长时摘心，培养紧凑树冠。接穗新梢枝粗叶大，应设立支柱加以保护，以防机械损伤和风吹折断。

(二)疑难问题

1. 怎样处理树形歪斜、主枝方位不当和基角过小的幼龄脐橙树？

在脐橙整形过程中，一定要调整好主枝的分枝角度。主枝分枝角度，包括基角、腰角和梢角（图4-8）。分枝基角越大，负重力越大，但易早衰。多数幼树基角及腰角偏小，应注意开张。整形时，一般腰角应大些，基角次之，梢角小一些。通常基角为40°～45°，腰角为50°～60°，梢角为30°～40°，主枝方位角为120°。对树形歪斜、主枝方位不当和基角过小的幼龄脐橙树，可在其生长

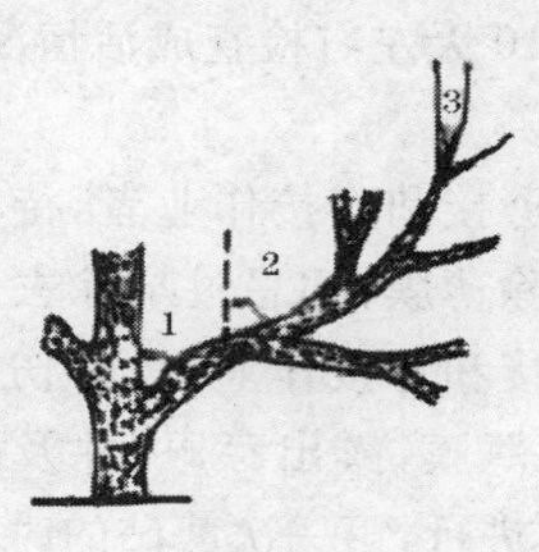

图4-8　主枝的分枝角度

1. 基角　2. 腰角　3. 梢角

旺盛期(5～8 月份),采用撑(竹竿、木棍)、拉(绳索)、吊(石头)或坠的方法,加大主干与主枝间的角度(图 4-9)。对主枝生长势过强的脐橙树,可用背后枝代替原主枝延长枝,以减缓生长势,开张主枝角度。主枝方位角的调整,也是脐橙树整形中重要内容,相邻主枝间的夹角称为方位角。主枝应分布均匀,其方位角大小基本一致。如果不是这样,则可采取通过绳索拉和石头吊等方法,调整脐橙树主枝的方位角,使其主枝分布均匀,树冠结构合理,外形基本圆整。具体的方法是:将选留为主枝的、分枝角度小的新梢用绳绑扎,把分枝角度拉大至 60°～70°角,再将绳子的另一端绑住竹篾,插入地固定,使之与主干形成合理的角度,经 20～25 天后,枝梢定形再松缚,就能恢复成 45°～50°角。值得注意的是拉绳整形应在放梢前 1 个月完成,并要抹除树干和主枝上的萌芽。

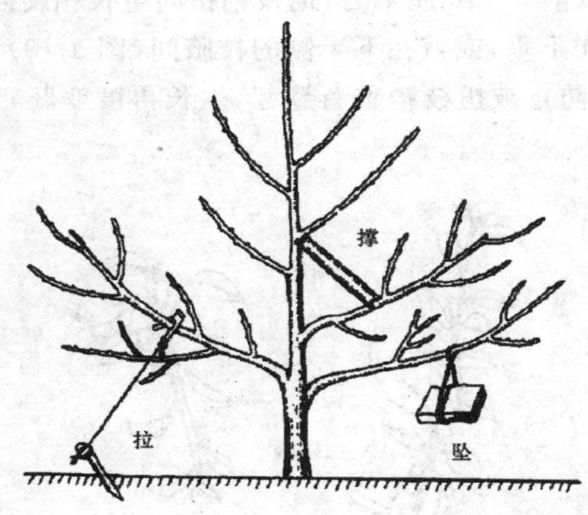

图 4-9　开张主枝的角度

2. 旺长低产脐橙树应怎样扭梢、拉枝和曲枝促花?

脐橙树一般在9月份开始花芽分化,经过3个阶段:9～10月份为生理分化阶段,11月份至翌年2月份为形态分化阶段,3～4月份为性细胞形成阶段。对旺长低产脐橙树进行曲枝、扭梢和拉枝的目的,在于开张枝梢角度,削弱枝梢顶端优势,使光合作用形成的养分大多集中在枝梢上部,有利于促进花芽分化,增加花量,提高坐果率。

(1)曲枝、扭梢　通常对长势旺的夏、秋长梢,进行曲枝、扭梢处理,削弱枝的生长势,有利于花芽分化,可增加花量,提高花质。曲枝、扭梢处理时期,以枝梢长至30厘米尚未木质化时为宜。曲枝是将夏、秋长梢弯曲,把枝尖绑扎在该枝的基部。扭梢是在夏、秋长梢基部以上5～10厘米处,把枝梢扭向生长相反的方向,即从基部扭转180°下垂,或掖在下半侧的枝腋间(图4-10)。掖梢一定要牢稳可靠,防止被扭枝梢重新翘起,生长再度变旺,达不到扭梢的目的。

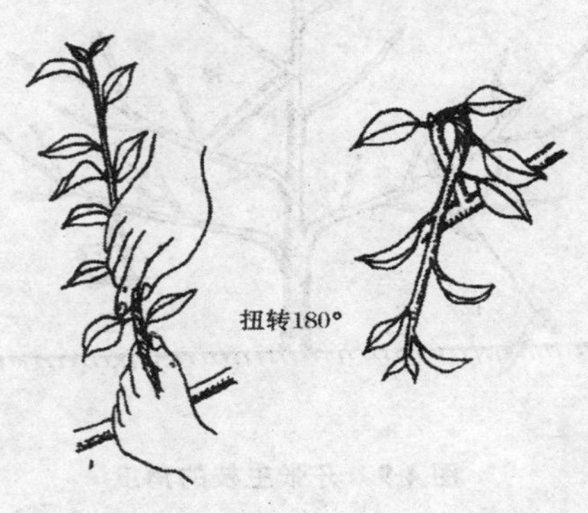

图4-10　扭梢

(2)拉枝　用绳子或铅丝将直立旺枝拉开,也可用小棍棒把骨干枝撑开,使其开张角度。一般在7～9月份进行,翌年6月下旬生理落果结束后,应及时去掉拉绳和小棍棒。也有的将当年抽生的旺长夏、秋梢互相拉平。

3. 怎样培养成年脐橙树健壮秋梢结果母枝?

脐橙的春、夏、秋梢,都能成为结果母枝。成年脐橙树以春梢为主要结果母枝,并能促发大量健壮的秋梢结果母枝。充分利用脐橙树的这一特性,是脐橙结果园丰产稳产,减少或克服大小年结果的一项关键性措施。

(1)合理安排秋梢期　放秋梢的迟早,要视地区、品种、树龄、树势、挂果量、气候条件及管理水平等情况,灵活掌握。所确定的放秋梢日期,既要有足够的时间使秋梢生长充实,又要有利于抑制晚秋梢及冬梢的萌发。一般盛产期挂果较多的树和弱树,宜放"大暑"——"立秋"梢;挂果适中,树势中庸的青壮年树,宜放"立秋"——"处暑"梢;初果幼龄树、挂果偏少的旺树,宜放"处暑"——"白露"梢。此外,树龄大、树势弱的放秋梢要早些;反之,则迟些。受旱的脐橙园放秋梢宜早些;肥水条件好的脐橙园放秋梢宜迟些。要避免在酷热、干旱和蒸发量大的时间放秋梢。

(2)科学修剪和施肥

①科学修剪　夏剪一般在放秋梢前15～20天进行,以短截为主。其修剪对象为:一是营养枝。树冠上部的营养枝,留5～7片叶后短剪;强枝留7片叶,弱枝留5片叶。二是结果枝。在大年结果多时,要促发多量秋梢。为此,可采取以果换梢的方法,选择仅有单果的强枝(也称单顶果枝),留4～5片叶剪去果实;对幼果已脱落的强壮果枝,要剪除果梗一端,促使抽发整齐强壮秋梢。三是徒长枝。对搅乱树形的徒长枝,将其从基部剪除。对位置恰当、有利用价值的徒长枝,可以按低于树冠15～20厘

米的长度进行短剪。四是落花落果母枝。落花落果母枝多数有一定的营养基础，易促发秋梢，应剪到饱满芽的上方。生产中可区别不同情况进行处理：无春梢的弱小落花落果母枝，留 1～2 片叶后短截；无春梢而较粗壮的落花落果母枝，留 5～6 片叶后短截；有 4～5 个强壮春梢的落花落果母枝，对外围较强春梢留 3～4 片叶后短截；其上有春梢，但春梢少而弱的落花落果母枝，留 5～6 片叶后短截，并疏除其上的春梢。五是病虫枝、枯枝及丛生枝。对枯枝及严重的病虫枝，一律从基部剪除。树冠外围的丛生枝和郁闭枝，一般留枝丛下部 2 个较强的小枝，将以上部分剪去，以促进通风透光，抽发秋梢。

脐橙树夏季修剪，其剪口的多少，视树龄、树冠大小和挂果多少而定。一般每个剪口可促发 2～3 个秋梢，第二年每枝秋梢约挂果 1.5 个。所以，翌年计划株产 25～35 千克的树，一般要求达到 30～50 个及以上的有效剪口；树冠较大的成年树每株要求达到 100～120 个有效剪口。按照以上的剪口数量，进行脐橙树的夏季修剪，才能使脐橙树达到预定的秋梢量。

②合理施肥　进行夏季修剪，需要有充足的肥水供应，才能攻出壮而旺的秋梢。攻秋梢肥是全年的施肥重点，应占全年施肥量的 30%～40%，以速效氮肥为主，配合施腐熟的有机肥。一般在放梢前 15～30 天施 1 次有机肥，施肥量为饼肥 2.5～4 千克/株。在夏剪前施 1 次速效氮肥，施肥量为三元复合肥 0.5 千克/株、钙镁磷肥 0.15 千克/株、硫酸钾 0.15～0.25 千克/株。

另外，施肥和修剪，还应结合进行灌溉，才能达到预期的攻秋梢的目的。放梢后，还应注意防治潜叶蛾，才能保证秋梢抽发整齐和健壮。

(3)正确调控放秋梢　脐橙树经过施肥攻梢和夏剪后，能刺激剪口以下枝桩的 2～4 个潜伏芽萌发，对剪口下最初抽吐的 1～2 个芽，应予抹掉，以等待下边的芽萌发。同株树体位高的

枝条先吐芽，将其抹去后，可促进低位的枝萌芽；同一果园的壮旺脐橙树先吐芽，将其芽抹去后，可使其再与其他脐橙树一齐萌发。脐橙园采取这样的抹芽调梢法，连续抹芽 2～3 次（每 3～4 天 1 次），直到每株脐橙树有 70%以上的芽萌发，全园有 70%以上的脐橙树正常萌芽后，才统一“放梢”。待新梢长出 3～5 厘米时，每枝留 2～4 条好的新梢，将其余过密或过弱的新梢予以疏除。

4. 怎样控制脐橙晚秋梢的发生？

成年脐橙树上生长良好的秋梢，一般是翌年很好的结果母枝。而在 9 月下旬及以后发出的晚秋梢，由于生长发育时间短，养分积累少，生长不充实，不健壮，因此耐寒能力弱，易遭受潜叶蛾等病虫的危害。在栽培上，应十分重视控制晚秋梢的发生。

(1)及时促生早秋梢　在 7 月上旬，第二次生理落果结束后，于 7 月中下旬对脐橙及时进行夏季修剪，并且施壮果促梢肥，促使脐橙树在 7 月中旬至 8 月份，抽生大量的早秋梢和秋梢，而不发晚秋梢。

(2)控制肥水　7 月中下旬施壮果促梢肥后，立即实行夏季树盘覆盖，保水保肥。8 月中旬至 10 月中旬，一般不施肥水，以控制晚秋梢的抽生。

(3)喷布生长延缓剂　在 9 月下旬，叶面喷施矮壮素 1 000 毫克/升溶液，或青鲜素 300 毫克/升溶液等植物生长抑制剂，抑制晚秋梢的发生。

(4)适时摘去晚秋梢　在 9 月 20 日以后抽生的晚秋梢，及时摘去，以增强树体耐寒力，减轻冻害。

5. 怎样处理脐橙树下垂枝？

进入初结果期的脐橙树，其树冠中下部的春梢，会逐渐转化为结果母枝，而上部的春梢则是抽发新梢的基枝。因此，对树冠中、下部的下垂春梢，除纤弱梢外，应尽量保留，让其结果。待结果后，每年在下垂枝的先端下垂部分，进行回缩修剪，既可更新复壮下垂枝，又能适当抬高结果位置，不至于梢果披垂至地面，受地面雨水的影响，感染病菌，影响果品的商品价值。

五、脐橙花果管理技术

(一)关键技术

1. 怎样对脐橙树进行断根促花?

脐橙是多年生常绿果树,在深厚的土层中,根系发达。通过断根处理,可以降低根系的吸收能力,减少树体对土壤中的水分、矿质营养的吸收量,从而达到抑制树体的营养生长,促花效果明显。具体方法:对于生长势旺盛的脐橙树,在 9～12 月份,沿树冠滴水线下挖宽 50 厘米、深 30～40 厘米,长随树冠大小而定的小沟,直至露出树根为止,露根时间为 1 个月左右(图 5-1),露根结束后即

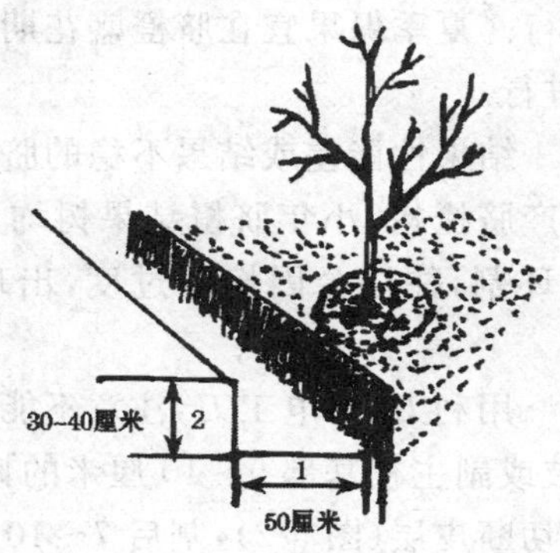

图 5-1　开沟断根示意图

1. 沟宽　2. 沟深

进行覆土。对水田、平地根系较浅的果园，初结果树，可在树冠滴水线两侧犁或深锄 25～30 厘米断根并晒根，至中午秋叶微卷、叶色稍褪绿时覆土，或在树冠四周全园深耕 20 厘米深。成年结果树，若树上不留果，则在采果后全园浅锄 10 厘米左右，锄断表面吸收根，达到控水目的。应注意的是，断根促花的措施，只适合于冬暖、无冻害或少冻害的地区采用，其他产区不宜采用。

2. 怎样对脐橙树进行环割促花和保果?

对脐橙树采取环割、环剥和环扎等措施，均能缓和脐橙的树势，阻止有机营养物质向下转移，使光合产物积累在环割部位上部的枝叶中，改变环割口上部枝叶养分和激素平衡，使养分能较为集中地分配。秋季进行环割处理，有利于促进花芽分化，夏季环割处理有利于保花保果，提高坐果率。但环剥、环扎作用太强烈，容易发生副作用，如枝叶变黄等。因此，生产中大多采用环割进行脐橙促花和保果。具体操作方法如下。

(1)环割时间　秋季促花宜在脐橙花芽生理分化期，即 9 月中旬至 10 月中旬进行。夏季保果宜在脐橙盛花期至谢花期，即 4 月下旬至 5 月上旬进行。

(2)环割对象　结果性能差或结果不稳的脐橙树、长期不结果的脐橙树、旺长低产脐橙树、小年脐橙结果树均可进行环割。老、弱脐橙树，若进行环割，往往会因控制过度，出现黄叶、不正常落叶，或树势衰退。

(3)环割方法　用利刀，如电工刀，注意不能用镰刀，否则伤口不易愈合。对主枝或副主枝基部 5～10 厘米的韧皮部(树皮)进行环割一圈或数圈，切断皮层(图 5-2)，割后 7～10 天即可见效。

图 5-2 环 割

3. 脐橙树环割促花和保果应注意哪些事项?

脐橙树环割促花和保果应注意如下事项。

(1)选择合适的部位　在主干上环割(环剥)时,环割口应离地面 25 厘米以上,以免环割伤口过低,感染病害。在主枝或副主枝上的环割,要在便于操作的位置上进行,以免因操作不顺畅,影响环割质量。

(2)工具消毒　环割所用的刀具,应用 75%酒精或 5.25%次氯酸钠(漂白粉)对 10 倍水进行消毒处理,以免感染病害。

(3)选择合适的天气　环割宜选择晴天进行,如环割后阴雨连绵,可用 50%多菌灵可湿性粉剂 100 倍液涂抹伤口,对伤口加以保护。

(4)加强管理　脐橙树环割后应加强管理。一是加强肥水管理,以保持树势健壮。二是作为促花和保果的辅助措施,不能连年使用,以防树势衰退。三是出现落叶,要及时淋水喷水。四是不能喷石硫合剂、松脂合剂等刺激性强的农药。

4. 怎样对脐橙树进行扭枝(弯枝)促花?

幼龄脐橙树易抽生直立强枝、竞争枝,初结果树易出现较直立的徒长枝,要促使这类枝梢开花结果,可采用扭枝或弯枝的措施进行处理。扭枝,是秋梢老熟后,在强枝颈部用手扭转 180°(图5-3)。弯枝,是用绳索或塑料薄膜带将直立枝拉弯,待叶色褪至淡绿色即可解缚(图 5-4)。扭枝和弯枝能损伤强枝输导组织,起到缓和长势,促进花芽分化的作用。具体方法是:对长度超过 30 厘米的秋梢,或徒长性直立秋梢,在枝梢自剪后老熟前,采用扭枝(弯枝)处理,削弱长势,增加枝梢内养分积累,促使花芽形成。待处理枝定势半木质化后,即可松绑缚。

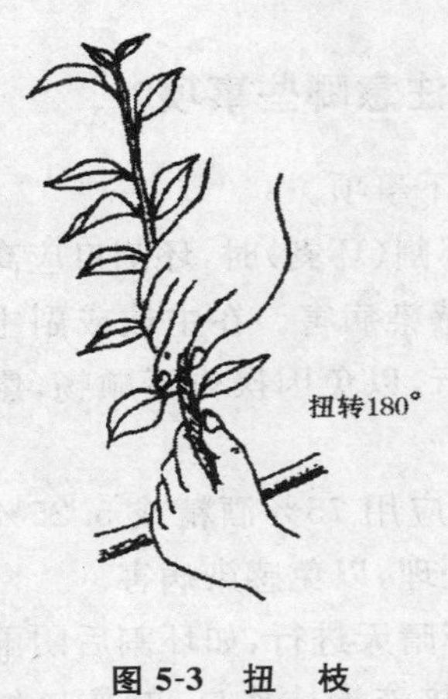

图 5-3 扭 枝

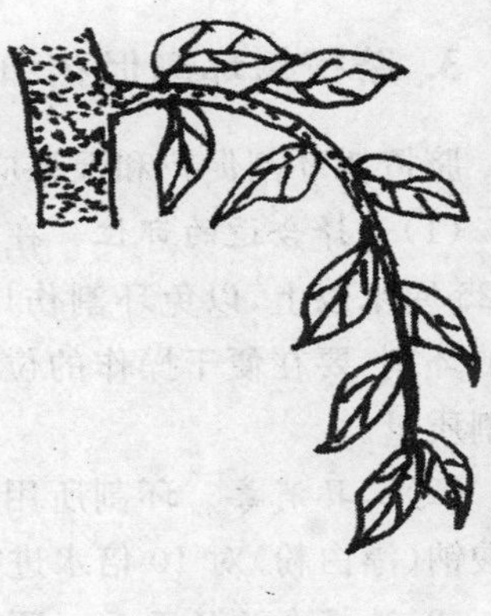

图 5-4 弯 枝

5. 怎样使用多效唑促进脐橙花芽分化?

脐橙的花芽分化与树体内激素的调控作用关系密切。在花芽生理分化阶段,树体内较高浓度的赤霉素对花芽分化有明显的抑

制作用，而低浓度的赤霉素则有利于花芽分化。生产上使用多效唑促进脐橙花芽分化，是通过抑制树体内赤霉素的生物合成，有效地降低树体内的赤霉素和生长素的浓度，提高树体内细胞分裂素和脱落酸的含量，抑制树体的营养生长，积累较多的营养物质，有利于花芽分化。具体方法是：生长势强旺的脐橙树，在秋梢老熟后的 11 月中旬左右，树冠喷施 15%多效唑 300 倍液，每隔 25 天喷 1 次，连续喷施 2～3 次。也可进行土壤浇施，用 15%多效唑按每平方米树冠 2 克，对水浇施树盘中。土施多效唑是一种安全有效的促花方法，尤其是树上留果保鲜果园采用这一措施既方便，又安全有效。土施多效唑持效期长，可 2～3 年施 1 次。

6. 脐橙落花落果有哪些表现？

脐橙花量大，通常坐果率只有 1%～2%，大量花果脱落，落花落果从花蕾期开始，一直延续至采收前。根据脐橙花果脱落时的发育程度，整个落花落果期，可分为 4 个主要阶段，即落蕾落花期、第一次生理落果期、第二次生理落果期和采前落果。

脐橙落蕾落花期从花蕾期开始，一直延续到谢花期，持续 15 天左右。通常在盛花期后 2～4 天，进入落蕾落花期。江西省赣南地区为 3 月底至 4 月初。盛花期后 1 周，为落蕾落花高峰期。谢花后 10～15 天，往往子房不膨大或膨大后就变黄脱落，出现第一次落果高峰，即在果柄的基部断离，幼果带果柄落下，亦称第一次生理落果，持续 1 个月左右。在江西省赣南地区，出现在 5 月上中旬。第一次生理落果结束后 10～20 天，在子房和蜜盘连接处断离，幼果不带果柄脱落，出现第二次落果高峰，亦称第二次生理落果，一直延续至 6 月底结束。江西省赣南地区出现在 5 月下旬，6 月底第二次生理落果结束。第一次落果比第二次严重，一般脐橙第一次生理落果比第二次生理落果多 10 倍。脐橙生理落果结束后，在果实成熟前还会出现一次自然落果高峰，称采前落果。通常

在8～9月份产生落果，自然落果率达10%，如遇久旱降雨或雨水过多或施磷肥过多，落果率还会增加，有的高达20%。

7. 脐橙落花落果的原因有哪些？

(1)内在因素　引起脐橙落花落果的内在因素，是脐橙本身特性所决定的。一是没有受精。脐橙因花粉和胚囊败育，自身没有受精过程，未受精的子房容易脱落。二是胚和胚乳不能正常发育，胚珠退化，这是脐橙第一次生理落果的主要原因。树体有机营养的贮存量及后续有机营养生产供应能力是果实发育的制约因素。激素状态可影响幼果调运营养物质的能力，进而影响到幼果的发育。

①树体营养欠缺　脐橙形成花芽时，营养跟不上，花芽分化质量差，不完全花比例增大，常在现蕾和开花过程中大量脱落。有相当部分为小型花、退化花和畸形花等发育不良的花，容易脱落。脐橙大量开花和落花，消耗了树体贮藏的大量养分，到生理落花落果期，树体中的营养已降到全年的最低水平，而这时正是新叶逐渐转绿、不能输出大量的光合产物给幼果，使幼果养分不足而脱落。尤其在春梢、夏梢大量抽发时，养分竞争更趋激烈而加重了落果。同时，在幼果发育初期，低温阴雨天气多，光照严重不足，光合作用差，呼吸消耗有机营养多，幼果发育营养不足，造成大量落果，极易产生花后不见果的现象。

②内源激素不足　脐橙结果属单性结实，主要靠子房产生激素促使幼果膨大。脐橙果实能产生赤霉素，当果实中生长素含量减少时就发生落果，而赤霉素含量增高有利于坐果，主要是高浓度的赤霉素含量，增强了果实调运营养物质的能力。因此，应用植物生长调节剂来影响体内激素，可防止落果和增大果实。

(2)外界条件

①气候条件不佳　开花前后的气温对脐橙坐果率影响很大。

春季，连续低温阴雨天气，光照严重不足，合成的有机物质少，畸形花多，造成大量落花落果；夏季的干热风，极易引起落花落果。湿度，尤其是脐橙开花和幼果期的空气湿度，对坐果影响很大，一般空气相对湿度在65%～75%，脐橙坐果率较高。

②栽培管理不良　栽培管理好的脐橙园，树势强，功能叶片多，叶色浓绿，有叶花枝多，落花落果少，坐果率高，表现为丰产；而一些管理条件差的脐橙园，已到投产期的脐橙树却因树势弱，叶色差，有机营养不足，导致落果。土壤施肥，是补充树体无机营养的主要途径。树体缺肥，叶色差，树体营养不足，坐果率低；而施肥足的脐橙树，叶色浓绿，花芽分化好，芽体饱满，落花落果少，坐果率高。氮肥施用过量，肥水过足，常常引起枝梢旺长，会加重落花落果，夏梢萌发前（5～7月份）要避免施肥，尤其是氮肥的施用，会促发大量夏梢，而加重生理落果。在促秋梢肥中，营养元素搭配不合理，氮素过多，遇上暖冬或冬季雨水多时，则会抽发大量冬梢，消耗树体过多养分，树体营养不足，引起落花落果。

（3）病虫及天灾危害　在花蕾期直至果实发育成熟，不少病虫害会导致落花落果。如生产上看到的灯笼花，就是花蕾蛆危害而引起的落花。金龟子、象鼻虫等危害的果实，轻者幼果尚能发育成长，但成熟后果面出现伤疤，严重的引起落果。介壳虫、锈壁虱等危害的果实，果面失去光泽，果实变酸，直接影响果实品质和外观。此外，红蜘蛛、卷叶虫、椿象、吸果夜蛾以及溃疡病、炭疽病等直接或间接吸吮树液，啮食绿叶，危害果实，均能引起严重落果。受台风、暴雨、冰雹等袭击，落果更加严重。

8. 脐橙保花保果使用的植物生长调节剂有哪些?

目前，用于脐橙保花保果的植物生长调节剂主要有天然芸薹素（油菜素内酯）、赤霉素（GA_3）、细胞分裂素（6-BA）及新型增效液化剂（6-BA+GA_3）等。

(1)天然芸薹素　脐橙谢花 2/3 或幼果 0.4～0.6 厘米大小时，用 0.15%天然芸薹素乳油 5 000～10 000 倍液，进行叶面喷施，每 667 米^2 用药液 20～40 千克，具有良好的保果效果。

(2)赤霉素　脐橙谢花 2/3 时，用 50 毫克/千克赤霉素溶液喷布花果，2 周后再喷 1 次；5 月上旬疏去劣质幼果，用 250 毫克/千克赤霉素溶液涂果 1～2 次，对提高坐果率效果显著，涂果比喷果效果好。若在使用赤霉素的同时加入尿素，保花保果效果更好，方法是开花前用 20 毫克/千克赤霉素溶液加 0.5%尿素溶液喷布。

(3)细胞分裂素　脐橙谢花 2/3 或幼果 0.4～0.6 厘米大小时，用 2%细胞分裂素 200～400 毫克/千克溶液喷布。

(4)新型增效液化剂　脐橙谢花 2/3 时，全树喷 1 次 100 毫克/千克新型增效液化剂，或 50 毫克/千克赤霉素，效果显著。也可于谢花 5～7 天用 100 毫克/千克新型增效液化剂溶液加 100 毫克/千克赤霉素溶液涂幼果或用小喷雾器喷幼果，效果更好。

9. 脐橙使用赤霉素保果应注意哪些问题？

(1)随配随用　本品在干燥状态下不易分解，遇碱易分解，其水溶液在 60℃以上易破坏失效。配好的水溶液不宜久藏，即使放入冰箱，也只能保存 7 天左右，生产中应随配随用。

(2)选择适宜的天气　气温高时赤霉素作用发生快，但药效维持时间短；气温低时作用慢，药效持续时间长。生产中最好选择在晴天的午后喷布。

(3)掌握使用浓度　根据目的适时使用，严格按要求掌握使用浓度，过高易引起果实畸形，出现粗皮大果、贪青和不化渣等现象，浮皮果增多，影响果实品质，商品价值下降。

(4)混用需慎重　赤霉素可与有些叶面肥混用，如 0.5%尿素溶液、0.2%过磷酸钙浸出液及 0.2%磷酸二氢钾溶液，以提高效果，尽可能将药液喷在果实上。但不可与碱性肥料、农药混用。

10. 怎样提高脐橙果实的外观品质?

优质脐橙果实,必须具有该品种固有的果实形状,如整齐美观,果面光滑,着色均匀,色泽鲜艳亮丽。提高脐橙果实外观品质的技术措施有以下几项。

(1)控制氮肥　控制氮肥施用过量,并合理使用激素,可减少特大型果和粗皮大果的发生,使脐橙果实表面光滑美观,提高脐橙果实的商品性。

(2)合理疏果　按不同脐橙品种的叶果比,在第二次生理落果结束时,即7月中旬左右进行疏果,生产出该品种应有的大小适中的标准果实,使一级果比率达到90%以上。

(3)防治病虫害　加强对病虫害,如疮痂病、沙皮病、煤污病、日灼病和椿象、介壳虫、红蜘蛛、吸果夜蛾等病虫害的防治,减少脐橙果实表面的病斑和虫眼。

(4)营造防风林　植树造林,缓解风害,减轻因大风吹动枝梢而造成脐橙果实表面的网纹伤痕。

11. 怎样提高脐橙果实的内在品质?

优质脐橙果实,必须具有果肉风味浓,酸甜适度,有香味,肉质脆嫩,汁多化渣,可溶性固形物含量高,可食率高,无核或少核。提高脐橙果实内在品质的技术措施有以下几项。

(1)选择优质品种　果实肉质与品种遗传特性有关,如砂囊壁和砂囊膜厚,纤维素含量高,则果肉质地粗而不化渣。只有选择优质品种在适宜区域栽植,才能表现出本品种固有的内在品质。

(2)深翻改土,增施有机肥　结果脐橙园,秋冬季应重施基肥,并深翻改土。基肥应增施有机肥,以改良土壤结构,使土壤有机质含量提高到2%以上,为脐橙根系生长创造深、松、肥、潮的土壤条件。在施有机肥的同时,适量施用化肥,使土壤氮、磷、钾含量呈

1∶0.5～0.6∶0.8 的合理比例；并适量施用微量元素，防止发生缺素症。

(3)及时追肥　在开花坐果期叶面喷肥 1～2 次，可用0.3%～0.5%尿素＋0.2%～0.3%磷酸二氢钾混合液，或 0.1%～0.2%硼砂＋0.3%尿素混合液，有助于花器发育和受精完成。也可在盛花期，每株施三元复合肥 0.1～0.15 千克，供给幼果转绿必需的营养元素，叶面喷施液体肥料，如农人液肥，施用浓度为 800～1 000 倍液，补充树体营养，提高果实品质。此外，在果实发育成熟期使用新型高效叶面肥，如叶霸、绿丰素(高氮)、氨基酸、倍力钙(使用浓度见产品说明书)等，进行叶面喷施 2～3 次，隔 7～10 天喷 1 次，具有改良果实品质的作用。

12. 如何进行脐橙果实套袋？

果实套袋可防止病、虫、鸟对果实的危害，减轻风害，防止果锈和裂果，提高果面光洁度。经套袋的脐橙果实，果面光滑洁净、美观，果皮柔韧，肉质细嫩，果汁多，富有弹性，商品率高。同时可减少喷药次数，减少果实农药污染和残留，并可防止日灼果，增强了果实的商品性。

(1)套袋时间　在第二次生理落果结束时，即 6 月下旬至 7 月中旬进行套袋。套袋应选择晴天、果实及叶片上完全没有水汽时进行。

(2)果袋选择　应选择抗风吹雨淋、透气性好的脐橙专用纸袋，以单层白色纸袋为宜。

(3)套袋方法　套袋前，应疏去畸形果、特大特小果、病虫果、机械损伤果、近地果和过密果，力求树冠果实分布均匀、合理。同时，全园进行 1 次全面的病虫害防治，重点是红蜘蛛、锈壁虱、介壳虫、炭疽病等，套袋应在喷药后 3 天内完成，若遇下雨需补喷。套袋时，将手伸进袋中，使全袋膨起，用手托起袋底，把果实套入袋

内。袋口置于果梗着生部的上端，将袋口拧叠紧密后，用封口铁丝缠紧即可。套袋时注意不能把叶片套进袋内或扎在袋口，并尽量让纸袋内侧与果实分离。一果一袋，按先上后下，先里后外的顺序进行。

(4)摘袋时间　一般在脐橙果实采收前15天左右，即在10月中旬果实着色前，解除果实套袋，以增大果实受光面，提高果品着色程度。光照不良的脐橙园区，可在采收前20天摘袋；光照好的脐橙园，可在采收前几天摘袋，但吸果夜蛾危害严重时，则在采果前10天左右摘袋。

13. 如何进行脐橙疏花疏果？

为了使脐橙丰产，应采取保花保果措施，但要提高脐橙优质果率，达到高产高效生产，就必须采取疏花疏果技术。脐橙疏花疏果的作用：一是可以减少畸形果、病虫果、过密果、特大特小果、果皮缺陷与损伤果，提高脐橙一级果的比率。二是可以减少树体养分的消耗，使有限的养分供给果实吸收，有利于稳果，并可提高脐橙果实的品质。三是可以使树体适量挂果的同时抽出一定数量的秋梢，而秋梢是翌年良好的结果母枝，从而克服脐橙大小年结果的现象。

(1)疏果时期　脐橙疏果1年可进行3次。第一次在5月底，即第二次生理落果后。第二次在7月中旬，即果实第二次膨大前。第三次在采果前15天左右，以增加好果率，提高商品价值。

(2)疏果方法　脐橙疏果在稳果后进行人工摘除。人工疏果分全株均衡疏果和局部疏果2种方法。全株均衡疏果是指按叶果比疏去多余果，使植株各枝组挂果均匀。局部疏果指按大致适宜的叶果比标准，将局部枝全部疏果或仅留少量果，部分枝全部不疏或只疏少量果，使分枝上轮流结果。坐果量大，或小果、密生果多的多疏，相反则少疏或不疏，一般可疏去总果量的10%左右。疏果时应注意首先疏去畸形果、特大特小果、病虫果、过密果、果皮缺陷和损伤果。同时，根据花形疏果，优先疏除易裂的果，如无叶花果及有叶单花果等。若以叶果比为疏果指标，则最后 1 次疏果后叶果比一般应为 60∶1。但不同品种的脐橙，疏果的叶果比也不一样，大叶品种叶果比小，小叶品种叶果比可稍大。

14. 怎样防止脐橙日灼果？

日灼又称日烧，是脐橙果实开始或接近成熟时的一种生理障碍。由于夏秋季高温酷热和强烈阳光暴晒，使果实表面温度达到 40℃以上而出现灼伤，开始为小褐斑，后逐渐扩大，呈现凹陷状，进而果皮质地变硬，囊瓣失水，砂囊皮膜木质化，进而果实失去食用价值。此外，受强光直射的老枝、树干、树皮也会出现日灼。

(1)发生原因　引起日灼的原因是高温、强日照。日本大垣智昭认为紫外线是日灼障碍的主要原因。日灼主要发生在果实上，是因为果皮的气孔和其他有助于水分蒸发的结构没有叶片发达，故导致果实组织的温度经常升高到生理功能难以耐受的危险程度。脐橙日灼与品种、树势有关，通常生长健壮、枝叶茂盛的品种，如纽荷尔脐橙的日灼果比树势较弱的朋娜脐橙少。

(2)防止措施

①深翻改土，增施有机肥　秋季增施有机肥作基肥，改善土壤理化性质，促使土壤团粒结构形成，增加保水保肥能力，促进脐橙植株根系健壮发达，增强根系的吸收范围和能力，保持地上部与地下部根系间的生长平衡。

②改善园地的生态条件　采取灌水、喷雾、覆盖土壤等措施，改善果园生态条件，以减少土壤水分蒸发，不使树体发生缺水。

③使用涂白剂　在容易发生日灼果树冠的上中部及东南侧，用 2%～3%石灰水(加少许食盐，增加黏着性)涂果，尤其要处理单顶果。在果园西南侧种植防护林，以遮挡强日光和强紫外线的

照射。

④果实套袋　果实套袋是防止日灼果行之有效的方法。

⑤严格喷药　注意防治锈壁虱，用药剂防治病虫害时，严格掌握药液浓度，而且药液在果面上不宜过多凝聚，喷药应在早、晚进行。使用石硫合剂时，浓度控制在0.1～0.2波美度为宜。

⑥喷施叶面肥　树冠喷施0.3%尿素+0.2%磷酸二氢钾混合液，或喷施叶霸、绿丰素(高氮)、氨基酸、倍力钙等微肥，可取得良好的防效。

15. 怎样防止脐橙裂果？

脐橙裂果一般从8月初开始，裂果盛期出现在9月初至10月中旬，期间有2个高峰：一是9月中旬果实迅速膨大期，多从果顶纵向开裂，先是脐部稍微开裂，随后沿子房缝合线开裂，可见囊瓣，严重时囊壁破裂露出汁胞。二是10月中旬果实着色期，多为横裂，通常情况下是出现在果皮薄、着色快的一面，最初呈现不规则裂缝状，随后裂缝扩大，囊壁破裂，露出汁胞。有的年份裂果可持续至11月份。

(1)发生原因　脐橙裂果原因有品种特性、气候条件、土壤水分、肥料种类和病虫害等多种。日本小川胜利在《农业与园艺》杂志报道裂果的诱因：一是气候诱因。夏秋高温干旱，果皮组织和细胞被损伤，秋季降雨或灌水，果肉组织和细胞吸水活跃迅速膨大，而果皮组织不能同步膨大生长，导致无力保护果肉而裂果。二是果皮诱因。果实趋向成熟，果皮变薄，果肉变软，果汁中糖分不断增加，急需水分，膨压剧增而裂果。三是栽培诱因。施肥不当，磷含量高的果实易裂果，土壤水分变化剧烈、树势弱、根群浅的斜坡园易裂果。

(2)防止方法　目前防止脐橙裂果尚无理想的方法，通常采取以下措施减少裂果。

①选择较抗裂的品种　一般果脐小或闭脐、果皮较厚的品种或芽变单株抗裂果性能较好，如纽荷尔、纳维林娜、华脐等裂果少。果实较扁的品种如朋娜、罗伯逊、森田脐橙等裂果多。

②加强土壤管理　深翻改土，增施有机肥，增加土壤有机质含量，改善土壤理化性质，尽力避免土壤水分的急剧变化，可以减少脐橙裂果。夏秋干旱要及时灌溉，久旱，常采用多次灌水法，一次不能灌水太多。否则，不但树冠外围裂果增加，还会增加树冠内膛的裂果数。通常在灌水前，可先喷有机叶面肥，如叶霸、绿丰素（高氮）、氨基酸、倍力钙等，使果皮湿润膨大，可减少裂果的发生。有条件的地方，最好采用喷灌，改变果园小气候，提高空气湿度，避免果皮过分干缩，可较好地防止脐橙裂果。缺乏灌溉条件的果园，宜在 6 月底前进行树盘覆盖，减少水分蒸发，缓解土壤水分交替变化幅度，可减少脐橙裂果。

③科学施肥　脐橙生产中为使果实变甜，常多施磷肥，磷多钾少，会使果皮变薄而产生裂果。故应科学用肥，适当增加钾肥的用量，控制氮肥的用量，可增加果皮的厚度，使果皮组织健壮，减轻裂果。通常在壮果期，株施硫酸钾 0.25～0.5 千克，或叶面喷布 0.2%～0.3%磷酸二氢钾溶液，也可喷布 3%草木灰浸出液，以增加果实含钾量；酸性较强的土壤，增施石灰，增加土壤的钙含量，有利提高果皮的强度。实践证明叶面喷高钾型绿丰素 800～1 000 倍液，或倍力钙 1 000 倍液对脐橙裂果有较好的防止效果。

④合理疏果　疏除多余的密集果、扁平果、畸形果、细小果、病虫危害果等劣质果，提高叶果比，既可提高果品商品率，又可减少裂果。

⑤及时防治病虫害　夏季高温多湿的脐橙产区，雨水、露水常会流入果实脐部，应注意及时喷药，减少病菌从脐部侵入，以有效地减轻脐橙裂果。即 6～7 月份施用赤霉素 200 毫克/千克＋2,4-D100 毫克/千克＋多菌灵 500 倍液涂脐部，具有较好的防治

效果。

⑥应用植物生长调节剂　防止脐橙裂果的植物生长调节剂有赤霉素、细胞分裂素等。在裂果发生期，树冠喷施20～30毫克/千克赤霉素溶液+0.3%尿素溶液，每隔7天喷1次，连续喷施2～3次。也可用150～250毫克/千克赤霉素涂果，或用细胞分裂素500倍液喷布，减少裂果。

16. 怎样防止脐黄落果？

脐橙果实脐部黄化，简称脐黄。脐黄落果6月份开始，7月份进入盛期，尤其是朋娜脐橙品种，脐黄落果可造成减产20%～30%。

(1)发生原因　脐黄是影响脐橙产量的一种病害，通常有生理性脐黄、病理性脐黄和虫害性脐黄3种。生理性脐黄主要是营养失调和内源激素不平衡，导致次生果黄化脱落，病果起初在果脐基部出现淡黄色，而后黄色加深，扩展到整个果脐，使果脐萎缩；病理性脐黄主要是一些真菌侵染，当真菌侵染脐部后导致黑腐，小脐果的黑腐可扩展到主果，大脐果黑腐一般不扩大到主果；虫害性脐黄主要由害虫蛀食幼果引起。

(2)防止方法

①生理性脐黄落果　一是加强栽培管理，增强树势，增加叶幕层厚度，形成立体结果，并减少树冠顶部与外部结果，以提高树体营养水平，有效地减轻脐黄落果。二是在第一次生理落果前，当果径为0.4～0.5厘米时，喷布12毫克/千克鄂T-2保果剂溶液(以每小包加水15升所配成的溶液)。在第二次生理落果开始时，喷布浓度为24毫克/千克鄂T-2保果剂溶液，7月下旬至8月初再喷1次。三是在第一次生理落果前和第二次生理落果开始时，喷布10～20毫克/千克2,4-D溶液，连喷2～3次。脐黄发生初期，用50～100毫克/千克2,4-D溶液加250～500毫克/千克赤霉素

所配制的药液涂抹脐部，可使轻度脐黄果实转青。四是在第二次生理落果开始时，使用中国农业科学院柑橘研究所生产的“抑黄酯”，其效果在70%以上。使用方法：每瓶“抑黄酯”(10毫升)加水300～350毫升，摇匀，在第二次生理落果刚开始时(江西赣南地区为5月上中旬)涂脐部，涂湿润为止。五是在幼果期喷1～2次20～40毫克/千克赤霉素溶液加0.3%尿素溶液。六是及时摘除严重黄化的果实。

②病原性和虫害性脐黄　在“抑黄酯”稀释液中加入50%多菌灵可湿性粉剂800倍液和40%乐果乳油1 500倍液涂脐部，可减少脐黄落果。但要取得好的防止效果，应立足于加强田间管理，加强田间病虫害防治。可在谢花85%～90%时，喷布70%甲基硫菌灵可湿性粉剂800倍液加50毫克/千克赤霉素溶液；在第二次生理落果开始时，喷布70%甲基硫菌灵可湿性粉剂800倍液加200～300毫克/千克赤霉素溶液，隔15天后，再喷1次。

(二)疑难问题

1. 脐橙树环割时叶片变黄与脱落怎么办?

脐橙树进行环割促花与保果时，若割后出现叶片黄化，可喷施叶面肥2～3次。可选择能被植物快速吸收和利用的叶面肥，如康宝腐殖酸液肥、农人液肥、氨基酸、倍力钙等，如果在叶面肥中加入0.04毫克/千克芸薹素内酯溶液，增强根系活力，效果更好。出现落叶时，要及时淋水，并喷施10～20毫克/千克2,4-D加0.3%磷酸二氢钾或核苷酸溶液，可减少不正常落叶。

2. 对结果多的脐橙树应怎样保果保树?

盛果期的脐橙树结果多，易使骨干枝劈裂，大枝压伤或折断。

同时,大枝因结果太多,开张下垂,使树冠下层通风透光不良,影响果实着色和内在品质。有些果实还会拖在地上,果面被尘土沾染,影响果实外观品质。因此,生产中应在早期采取措施,对于负载量过大的树,按叶果比疏除过多的果实;同时,在果实成熟前1个多月,吊枝和撑枝进行保果保树。

(1)吊枝　在树冠中心位置设立支柱,将结果多的枝头吊挂其上,称为吊枝。吊枝应高出树冠顶部,在一个适当高的部位,套一粗铁丝圈。圈上绑上数根麻绳或草绳,用绳把各大枝或负载量大的结果枝条吊起来,其形如伞状。吊枝宜选在枝条的重心部位。

(2)撑枝　对树冠低矮或结果偏于一个方向不便吊枝时,可采取撑枝的方式护果护树。撑枝是用竹竿或有分叉的树棍等,用其上端顶住挂果多枝条的重心部分,下端牢稳地立于地面土壤中,不使动摇。

3. 脐橙果实太酸怎么办?

脐橙果实太酸,直接影响其内在品质,商品性降低。果实太酸的原因:一是受品种固有特性影响,如实生品种比嫁接品种果实偏酸。二是受外界环境条件的影响,如气温较低,日照不良的脐橙园,生产的果实较酸。三是栽培条件的影响,如土壤缺乏有机质;过多的施氮,或过多的施钾,或缺磷,氮、磷、钾比例不合理。四是病虫危害,如脐橙疮痂病、溃疡病、煤污病、介壳虫和锈壁虱等危害的果实,果面失去光泽,果实变酸。五是采收过早,果实未能充分成熟。以上这些因素的存在,均可导致果实的含酸量增高,克服脐橙果实太酸应采取以下技术措施。

(1)选择优良品种　脐橙品种很多,只有选择优良品种,栽植在适宜的区域,才能表现出其优良的品质,而不至于偏酸。如果脐橙园品种选择不当,可采用高接换种的办法,换接当地适栽的优良品种。

(2)深翻改土,增施有机肥　每年3～5月份和9～11月份,结合翻埋夏季绿肥和冬季绿肥等有机肥,扩穴改土1～2次。同时,重视基肥,施用量应占总施肥量的80%以上,在施有机肥的同时,适量施用化肥,使氮、磷、钾的量形成1∶0.5～0.6∶0.8的合理比例。适量施用微量元素,防止缺素症的发生。

(3)科学修剪　对脐橙结果树,应结合春季修剪和夏季修剪,适当疏剪密集枝梢和春梢,回缩下垂枝,短截交叉枝。如果树冠郁闭,则应疏去1～2根大侧枝,实施“开天窗”,同时疏去树冠内的密生枝、衰弱枝、病虫枝和枯枝,改善树冠内膛通风透光条件。

(4)加强病虫害防治　对一些管理差的脐橙园,要重视脐橙病虫害的防治,尤其是要加强对脐橙疮痂病、溃疡病、煤污病、介壳虫和锈壁虱等防治,以减轻病虫危害,提高果实品质。

(5)适时采摘　适时采摘,提高脐橙果实质量。鲜食脐橙果,应在果实充分成熟后采摘。切忌恶性早采,或催红上市。

4. 怎样减少脐橙“花皮果”?

脐橙果实表皮出现类似刀伤疤痕状的斑纹即为“花皮果”。形成“花皮果”的原因有以下几方面:一是使用过量的铜制剂(杀菌剂)及过量的有机磷农药等引起化学伤害损伤幼果,特别是在盛夏气温高时使用波尔多液,极易破坏树体水分平衡,出现药害,灼伤果实,果面出现疤痕。二是病虫危害,如象鼻虫等危害幼果后,果面出现不正常的凹入缺刻,严重的可引起落果,危害轻的幼果尚能发育成长,但成熟后果面出现伤疤。三是种植在大风口的脐橙树,因大风吹动枝梢而造成果实表面擦伤,形成网纹伤痕。减少脐橙果实“花皮果”应采取以下技术措施。

(1)合理用药　使用化学药物防治病虫害,尤其是使用杀虫剂防治虫害,要严格掌握农药的使用浓度和时间,避开高温天气使用。

(2)防治病虫害　加强病虫害防治，尤其是象鼻虫的防治，可减少脐橙果实表面因病虫危害出现的疤痕。

(3)营造防风林　在新建脐橙园时，应避开大风口，或在主风道种植防护林等，缓解风害，减轻因大风吹动枝梢而造成脐橙果实表面的网纹伤痕。

5. 在脐橙管理中怎样理解"保叶就是保果"？保叶过冬的措施有哪些？

脐橙是常绿果树，叶片中有 40％的碳水化合物，叶片的寿命一般为 18～24 个月。正常衰老脱落的叶片，在脱落之前贮存的氮素有 50％～60％回流到基枝中，但过早脱落或异常落叶，则几乎没有叶内营养的回流。因此，保护叶片，特别是保叶过冬，对脐橙的高产稳产，具有重要的作用，这即是"保叶就是保果"的含义。在脐橙生产中，务必注意保叶，尤其是开花前后要尽可能多地保留老叶，以利保果。脐橙树保叶过冬的技术措施有以下几项。

(1)施肥保叶　11 月上中旬，早施、重施采果肥。同时，每月叶面喷施 2～3 次 0.3％～0.5％尿素＋0.2％～0.3％磷酸二氢钾混合液。使之尽快恢复树势，尽量保持叶片不早落，延长叶片的寿命。

(2)合理供水保叶　冬季如遇干旱，要及时灌水，防止叶片因受干旱影响而落叶。立春后雨水较多，要注意开沟排水，做到雨停园干。防止脐橙园积水内涝，引起根系缺氧烂根而落叶。

(3)防治病虫害保叶　10 月份至 12 月上旬，引起落叶的病虫害有炭疽病和红蜘蛛、凤蝶等，应及时喷药防治。同时防病灭虫和冬季清园，喷药应慎重，要严格掌握使用浓度，以免发生药害而引起落叶。

(4)防冻保叶　11 月份至 12 月中旬，切实采取脐橙园的刷白、主干包草、树盘培土、搭设三角棚、束枝、覆盖和冻前灌水等一系列防寒防冻措施，防止叶片因受冻而早期脱落。

6. 脐橙“少花强树”应怎样处理？

脐橙“少花强树”易出现春梢旺，使长梢与结果的矛盾增大，而且在大量落果后又会抽生夏梢，甚至晚秋梢。对这类树应在上年8月底至9月上旬，喷布500～1 000毫克/千克多效唑溶液，促其早停梢，有利于花芽形成。施肥上改重施春肥为重施冬肥，在春梢长1～2厘米时喷1次500～1 000毫克/千克多效唑溶液，并采取相应的保果措施。对夏、秋梢和内膛的弱春梢营养枝，只要能开花结果，一律保留。同时，疏剪当年不结果的弱春梢，改善树体光照条件，促进果实增大。

六、脐橙病虫害防治技术

（一）关键技术

1. 如何识别和防治脐橙黄龙病？

脐橙黄龙病又名黄梢病，为检疫性病害，我国脐橙产区均有此病发生。

（1）危害症状　黄龙病在脐橙的枝、叶、花、果和根部都表现症状，如初期病树上的"黄梢"和叶片上"斑驳形"的黄化。春梢发病轻，夏、秋梢发病重，症状明显。

①枝叶上的症状　初病时，树冠上出现少数叶片均匀黄化的"黄梢"。有些叶片老熟转绿后，从主脉、侧脉附近，特别是从叶脉基部附近和边缘开始黄化，黄化部分逐渐扩大，形成不规则的黄绿相间的斑驳。在病枝上抽发的新梢叶片的主、侧脉附近保持绿色，叶肉黄化，类似缺锌、缺锰症状。病叶无光泽，并可造成落叶枯枝。

②花果上的症状　发病果树，翌年开花早，无叶花比例大，花量多。花小且畸形，花瓣短小肥厚，略带黄色，容易早落或不结实。病树果实小或畸形，成熟时果肩暗红色，而其余部位的果皮为青绿色，称为"红鼻果"。果皮与果肉不易分离，汁少味酸。

③根部症状　发病初根部正常，后期病树根系出现腐烂现象。

（2）发病规律　病原为细菌，通过带病接穗和苗木进行远距离传播；在田间，木虱是黄龙病的自然传毒媒介，汁液摩擦和土壤均不传染。幼龄树易感病，成年树较耐病，春梢发病轻，夏、秋梢发病重。

(3)防治方法　①严格实行检疫,防止病苗、病穗传入无病区。新发展的无病区脐橙园,不得从病区引入脐橙苗木、接穗及种子。一经发现病株应及时彻底烧毁。②培育无病苗木。无病苗圃的地点可设在非病区,并要求无传毒昆虫——木虱。③在重病区建园,要在整片植株全部清除1年后进行。④防治木虱。加强栽培管理,使枝梢抽发整齐。在每次嫩梢抽发期,用40%乐果乳油1 000～2 000倍液,或90%晶体敌百虫800倍液,或200倍鱼藤酮浸出液,或松脂合剂15～20倍液喷施防治木虱。⑤及时处理病树。发现病树立即挖除,重病园则全园挖除。对轻病树,可用四环素治疗。方法是:在主干基部钻孔,孔深为主干直径的2/3左右,然后从孔口用加压注射器注入药液,每株成年树注射1 000毫克/千克盐酸四环素溶液2～5升。

2. 如何识别和防治脐橙裂皮病?

脐橙裂皮病又称剥皮病、脱皮病,是世界性病毒类病害之一,在我国以四川省和湖南省较为严重,在江西省赣南地区也有零星发生。对砧木和脐橙植株均可造成严重危害。

(1)危害症状　病树砧木部分树皮纵向开裂,部分外皮剥落,树冠矮化,新枝少而弱,叶片少而小并多为畸形,叶肉黄化,类似缺锌症状,部分小枝枯死。病树开花多,但畸形花多,落花落果严重,产量显著下降。

(2)发病规律　病原为类病毒,耐热力强。通过带病接穗或苗木做远距离传播,在田间,裂皮病病原可通过汁液传播,即通过嫁接或修剪的用具,使沾有病树汁液与健树韧皮部组织接触传播。此外,植株间互相接触也可传播。

(3)防治方法　①严禁从病区调运苗木和剪取接穗,以防裂皮病传入无病区。②工具消毒。用于嫁接、修剪的工具,使用前用

10%漂白粉液，浸泡1～2秒钟进行消毒。对修剪病树用过的剪刀可用含5.25%次氯酸钠的漂白粉10倍液消毒。③挖除病树。对症状明显，生长势弱和已无经济价值的病树及时挖除。④培育无病苗木。

3. 如何识别和防治脐橙溃疡病？

脐橙溃疡病为严重的细菌性病害，是脐橙的主要病害之一。

(1)危害症状　溃疡病在脐橙树的枝、叶、果上都表现症状。

①叶片病症　叶片受害初期，在叶背出现点状微黄色或暗黄色油渍状褪绿斑点，后渐扩大穿透叶肉，在叶片两面不断隆起，呈圆形木栓化的灰褐色病斑。病斑中部凹陷，呈火山口开裂，木栓化、粗糙，边缘呈油渍状，周围有黄色晕环。

②枝梢病症　枝梢上的病斑比叶片上病斑更为凸起，木栓程度更重，呈圆形、椭圆形或聚合为不规则形病斑，有时病斑环绕枝1圈使枝枯死。病斑颜色与叶片病斑类似。

③果实病症　果实病斑中部凹陷、龟裂和木栓化程度比叶部更显著，病斑大小一般为5～12毫米。初期病斑呈油胞状半透明凸起、浓黄色，其顶部略皱缩；后期病斑，在各部的病健部交界处常有一圈褪色釉光的边缘，有明显的同心轮状纹，中间有放射状裂口。

叶片和果实感染溃疡病后，常引起大量落叶落果，导致树势减弱，产量下降，果实品质降低。

(2)发病规律　溃疡病是一种细菌性病害。

①发病时间　4月上旬至10月中下旬均可发生，以夏梢受害最重，秋梢次之，春梢一般发病较轻。

②侵染方式　病菌在病组织上越冬，翌年新梢抽生和幼果生长期，病菌从越冬病斑溢出，借风、雨、昆虫、工具和枝叶接触做近距离传播；通过带病苗木、接穗及果实做远距离传播。病菌主要从

气孔、皮孔和伤口侵入幼嫩组织，潜育期一般为3～10天。

③气候条件　溃疡病的发生和流行与气候条件有关，高温多雨，尤其是暴风雨时，易流行。发病温度为20℃～35℃，最适温度为25℃～30℃。在适宜的温度条件下，寄主表面还必须保持20分钟以上的水湿，病菌才能侵入危害。雨水是病菌传播的主要媒介，因此，高温多湿与感病的幼嫩组织相结合是导致溃疡病暴发流行的主要因素。

(3)防治方法　①严格实行检疫，防止病苗、病穗、病果传入无病区，一经发现病株应及时彻底烧毁。②建立无病苗木繁育体系，培育无病良种苗木。③彻底清园。结合冬季修剪，剪除病枝、病叶、病果，集中烧毁，减少病源。④化学防治。抓住新叶展开期(芽长2厘米左右)和新叶转绿时、幼果期、果实膨大期、大风暴雨后等防治适期进行喷药防治。幼果期应每隔15天喷药1次，以保护幼果。药剂可选用77%氢氧化铜可湿性粉剂800～1 000倍液，77%硫酸铜钙可湿性粉剂400～600倍液，或20%松脂酸铜乳油800～1 000倍液，或72%硫酸链霉素可溶性粉剂1 000倍液，交替轮换喷施。注意，果实膨大期(7月份)至采收前，尽量少用波尔多液等铜制剂，以免果实表面产生药斑，影响商品价值。⑤加强病虫害防治，尤其是潜叶蛾防治。还可通过抹除抽生不整齐的嫩梢，减少枝、叶伤口，防止病菌的入侵，以减轻病害。

4. 如何识别和防治脐橙炭疽病?

炭疽病是我国脐橙产区普遍发生的一种重要病害，枝、叶、果和苗木均能发病，严重时常引起大量落叶，枝梢枯死，僵果和枯蒂落果，枝干开裂，导致树势衰退，产量下降，甚至整树枯死。在贮藏运输期间，常引起果实大量腐烂。

(1)危害症状

①叶片症状　叶片症状表现有叶斑型、叶腐型和叶枯型3种。

叶斑型又称慢性型，多发生在成长叶片或老叶的近叶缘或叶尖处，以干旱季节发生较多。病斑为近圆形、半圆形或不规则形，稍凹陷，浅灰褐色或淡黄褐色，后变黄褐色或褐色，病斑轮廓明显，病叶脱落较慢。后期或干燥时病斑中部变为灰白色，表面密生明显轮纹状或不规则排列的微突起小黑点。在多雨潮湿天气，黑粒点溢出许多橘红色黏质液点。病叶易脱落，大部分可在冬季落光；叶腐型又称急性型，主要发生在雨后高温季节的幼嫩叶片上，病叶腐烂，很快脱落，常造成全株性落叶。多在叶缘、叶尖或叶主脉生有淡青色或青褐色似沸水烫伤状病斑，并迅速扩展呈水渍状边缘不清晰的波纹状、近圆形或不规则形大病斑，可蔓及大半个叶片。病斑上亦生有橘红色黏质液点或小黑粒点，有时呈轮纹状排列；叶枯型又称落叶型，发病部位多在上年生老叶或成长叶片叶尖处，在早春温度较低和多雨时，树势较弱的脐橙树发病严重，常造成大量落叶。初期病斑呈淡青色而稍带暗褐色，渐变为黄褐色，整个病斑呈"V"形，上面长有许多红色小点。

②枝梢症状　枝梢症状有慢性型和急性型 2 种。慢性型症状表现，一种情况是从枝梢中部的叶柄基部腋芽处或受伤处开始发病，病斑初为褐色、椭圆形，后渐扩大为长梭形，稍凹陷。当病斑扩展到环绕枝梢一周时，病梢由上而下呈灰白色或淡褐色枯死，其上产生小黑粒点状分生孢子盘。2 年生以上的枝条因皮色较深，必须削开皮层方可见到病部，病梢上的叶片往往卷缩干枯，经久不落。若病斑较小而树势较强，则随枝条的生长，病斑周围产生愈伤组织，使病皮干枯脱落，形成大小不等的梭形或长条状病斑。另一种情况是受冻害或树势衰弱的枝梢，发病后常自上而下呈灰白色枯死，枯死部位长短不一，与健部界限明显，其上密生小黑粒点；急性型是在刚抽发的嫩梢顶端 3～10 厘米处突然发病，似沸水烫伤状，3～5 天后枝梢和嫩叶凋萎变黑，上面生橘红色黏质小液点。

③果实症状　果实症状表现有僵果型、干疤型、泪痕型、果腐

型4种。僵果型一般在幼果直径10～15毫米大小时发病，初生暗绿色、油渍状、稍凹陷的不规则病斑，后扩大至全果。天气潮湿时长出白色霉层和橘红色黏质小液点，以后病果腐烂变黑，干缩成僵果，悬挂树上不落或脱落；干疤型是在比较干燥条件下发生，大多在果实近蒂部至果腰部分生圆形、近圆形或不规则形的黄褐色至深褐色、稍凹陷病斑，呈皮革状或硬化，边缘界限明显，一般仅限于果皮，成为干疤状；泪痕型是在连续阴雨或潮湿条件下，大量病菌通过雨水从果蒂流至果顶，侵染果皮形成红褐色或暗红色微突起小点组成的泪痕状或条状斑，不侵染果皮内层，仅影响果实外观；果腐型主要发生在贮藏期果实和果园湿度大的近成熟果实上，大多从蒂部或近蒂部开始发病，病斑初为淡褐色水渍状，后变为褐色至深褐色腐烂。在果园烂果脱落，或失水干缩成僵果，经久不落。湿度较大时，病部表面产生灰白色、后变灰绿色的霉层，其中密生小黑粒点或橘红色黏质小液点。

(2)发病规律　炭疽病病原属真菌类。病菌在病部组织内越冬，翌年在适宜的温度条件下，由风、雨、昆虫传播。脐橙整个生长季节均可被侵染发病，一般以夏秋高温多雨季节最易发病，降雨次数多，持续时间长，则分生孢子的产生和传播数量大，常使病害流行成灾。冬季冻害较重，或早春低温多雨，以及夏秋季大雨后积水的果园，根系生长不良，植株的抗病力降低，发病往往严重。一般在春梢生长后期开始发病，以夏、秋梢期发病较多。

(3)防治方法　①加强栽培管理，培育强壮树势，是防治炭疽病的根本途径。炭疽病病菌是一种弱性寄生菌，只有在树体生长衰弱的情况下，才能侵入危害；树体营养好，抵抗力强的树发病轻或不发病。②清除园内枯枝落叶，集中烧毁，减少病源。冬季清园后全面喷施1次0.8～1波美度石硫合剂加0.1%洗衣粉溶液，杀灭存活在病部表面的病菌，还兼治其他病虫。③药剂防治。在春、夏、秋梢嫩叶期，特别是在幼果期和8～9月份果实成长期，每隔

15～20 天，喷药 1～2 次。药剂可选 50%甲基硫菌灵可湿性粉剂 500～700 倍液，或 50%胂·锌·福美双可湿性粉剂 500～700 倍液，或 50%多菌灵可湿性粉剂 800～1 000 倍液。

5. 如何识别和防治脐橙疮痂病？

疮痂病在我国脐橙产区均有发生，常引起大量幼果脱落，直接影响到脐橙产量和品质。

(1)危害症状　脐橙疮痂病主要危害嫩叶、嫩梢和幼果。叶片受害初期产生油渍状黄色小点，病斑逐渐增大，颜色也随之变成蜡黄色。后期病斑木栓化，多数病斑向叶背面突出，叶面则呈凹陷状，形似漏斗。空气湿度大时病斑表面长出粉红色分生孢子盘，病危害严重时，叶片常呈畸形。新梢嫩叶尚未充分长大时受害，则常呈焦枯状而凋落。嫩枝被害后枝梢变短，严重时呈弯曲状，但病斑突起不明显。果实受害病斑在谢花后即可发现，开始为褐色小点，以后逐渐变为黄褐色木栓化突起，严重时幼果脱落。受害严重的果实较小、厚皮、味酸，甚至畸形。

(2)发病规律　温度 15℃以上时，老病斑上发生分生孢子，由风雨及昆虫传播到幼嫩组织上。温度在 16℃～23℃，湿度又大时，发病严重。果实通常在 5 月上旬至 6 月上中旬感病。

(3)防治方法　①严格实行检疫，新园要严防病苗、病穗带入。病区的接穗用 50%苯菌灵可湿性粉剂 800 倍液浸泡 30 分钟，有很好地预防效果。②加强栽培管理，控制肥水，使梢抽发整齐，缩短幼嫩期，减少病菌侵入机会。剪去病枝病叶，抹除晚秋梢，集中烧毁，以减少病源。③药剂防治。本病病原菌只能在树体组织幼嫩时侵入，组织老化后即不再感染。由于春梢数量多，此期又多阴雨天气，病害最严重；夏秋梢发病较轻。因此，疮痂病防治仅在春梢与幼果时各喷 1 次药即可。第一次喷药在春梢萌动期、芽长不超过 2 毫米时进行，第二次在花落 2/3 时进行。药剂可选用

50%多菌灵可湿性粉剂 600～1 000 倍液，或 50%硫菌灵可湿性粉剂 500～800 倍液，或 70%甲基硫菌灵可湿性粉剂 600～1 000 倍液，或 75%百菌清可湿性粉剂 500～800 倍液。

6. 如何识别和防治脐橙树脂病?

树脂病在我国脐橙产区均有发生。本病病原菌侵染枝干所发生的病害叫树脂病，侵染果实使其在贮藏时腐烂叫蒂腐病，侵染叶片和幼果所发生的病害叫砂皮病。

(1)危害症状

①流胶型　发病部位流出淡褐色至褐色类似酒糟气味的胶液，皮层呈褐色，组织松软，病斑干枯后下陷，死皮开裂脱落露出木质部，病斑四周呈突起疤痕。

②干枯型　病部皮层呈红褐色，干枯略陷，微有裂缝，不立即剥落，无明显流胶现象，病斑四周有明显的隆起疤痕。

③蒂腐病　成熟果实发病时，病菌大部分由蒂部侵入，病斑初呈水渍状褐色斑块，以后病部逐渐扩大，边缘呈波状，并变为深褐色。病菌侵入果实由蒂部穿心至脐部，使全果腐烂。

④砂皮病　病菌侵染嫩叶和小果后，使叶表面和果皮产生许多黄褐色或黑褐色硬胶质小粒点，散生或密集成片，使表面粗糙，似黏附许多细砂粒，故称"砂皮病"。

(2)发病规律　树脂病是一种真菌性病害，病菌以菌丝体和分生孢子器在枯枝和感病组织中越冬。翌年春暖雨后，产生大量分生孢子，经风雨、昆虫与鸟类等媒介传播。树脂病在 1 年中有 2 次发病高峰期，即 4～6 月份和 8～9 月份。病菌最适温度为 20℃，侵入组织后在 18℃～25℃条件下潜育期 13～15 天。由于病菌的寄生力较弱，因此必须在寄主生长不良或受冻害、日灼以及剪口等有伤口处才能侵入健部组织。栽培管理不善，所引起的树势衰弱，也易发生树脂病。

(3)*防治方法* ①加强栽培管理。采果前后及时施采果肥，以增强树势。冬季做好防冻工作，如刷白、培土、灌水等。早春结合修剪，剪去病梢枯枝，集中烧毁，减少病源。②树干刷白和涂保护剂。盛夏高温防日灼，冬天寒冷防冻时要涂白。涂白剂为石灰1千克、食盐50～100克，加水4～5升配成。③药剂防治。小枝条发病时，将病枝剪除烧毁。主干或主枝发病时，用刀刮去病部组织，将病部与健部交界处的黄褐色带刮除干净，然后用75%酒精或0.1%升汞液涂抹消毒，再用接蜡涂于伤口进行保护。也可用刀在病部纵划数刀，超出病部区域1厘米左右，深达木质部，纵刻线间隔约0.5厘米，然后均匀涂药。药剂可选用70%甲基硫菌灵可湿性粉剂50～80倍液，或50%多菌灵可湿性粉剂100～200倍液，或80%代森锰锌可湿性粉剂20倍液，或53.8%氢氧化铜可湿性粉剂50～100倍液涂抹，每隔7天涂1次，连涂3～4次。采果后全树喷1波美度石硫合剂1次；春芽萌发前喷53.8%氢氧化铜可湿性粉剂1000倍液，或20%松脂酸铜乳油1000倍液；谢花2/3时和幼果期各喷1～2次50%甲基硫菌灵可湿性粉剂500～800倍液。

7. 如何识别和防治脐橙脚腐病?

脐橙脚腐病又称裙腐病、烂蔸病，是一种根颈病害，常使根颈部皮层死亡，引起树势衰弱，甚至整株死亡。我国脐橙产区均有发生。

(1)*危害症状* 此病危害主干基部及根系皮层，病斑多数从根颈部开始发生，初发病时，病部树皮呈水渍状，皮层腐烂后呈褐色，有酒糟味，常流出胶质。气候干燥时，病斑干裂，病部与健部的界线较为明显；温暖潮湿时，病斑迅速向纵横扩展，使树干一圈均腐烂，向上蔓延至主干基部离地面20厘米左右，向下蔓延至根群，引起主根、侧根、须根大量腐烂，上下输导组织被割断，造成植株枯死。病株全部或大部分大枝的叶片，其侧脉呈黄色，以后全叶转黄，造成落叶，枝条干枯。重病树大量落花落果，果实早落，或小果提前转黄，果皮粗糙，果肉味酸。

(2)发病规律　脚腐病多数由疫霉菌引起。病菌在病树主干基部越冬，也可随病残体遗留在土壤中越冬。生长季节主要随雨水传播，从植株根颈侵入。4～9月份均可发病，6～8月份发病最多，一般幼树发病重，健壮树发病少，老年衰弱树发病重。气温高，连续下雨，地势低洼，果园排水不良或地下水位高的果园，近地面主干处有伤口时发病严重。施肥不当烧伤树皮或树根，以及天牛、吉丁虫等害虫造成的伤口或机械伤口均有利于该病的发生。

(3)防治方法　①选用具有较强抗病性的枳作砧木，栽植时嫁接口要露出地面。对已发病树可选用枳砧进行靠接换砧。②加强栽培管理，做好土壤改良，开沟排水等工作；并注意防治天牛、吉丁虫等害虫。③发现新病斑及时涂药治疗。可采用浅刮深刻涂药法，即先刨去病部周围泥土并浅刮病斑粗皮，使病斑清晰显现，再用利刀在病部纵向刻划，深达木质部，每条刀沟间隔1厘米左右，然后涂药。药剂可选用70%甲基硫菌灵可湿性粉剂100～150倍液，或50%多菌灵可湿性粉剂100倍液，或1∶1∶10波尔多液，或80%三乙膦酸铝可湿性粉剂100～200倍液，或2%～3%硫酸铜液，待病部伤口愈合后，再覆盖河沙或新土。

8. 如何识别和防治脐橙黄斑病？

脐橙黄斑病是江西省赣南地区近2年发生较严重的一种病害，黄斑病主要危害叶片和果实，发病严重时造成大量落叶落果，影响树势生长，果实失去商品价值。

(1)危害症状　黄斑病有2种类型，一种为黄斑型，发病初期叶片背面出现黄色颗粒状物，随着病斑扩大变为黄褐色或黑褐色，并透到叶片正面，叶片正、反面皆可见不规则的黄色斑块，病斑中央有黑色颗粒；另外一种类型是病斑较大，初期表面生赤褐色稍突起如芝麻大小的斑点，以后稍扩大，中央微凹，呈黄褐色圆形或椭圆形。后期病斑中间褪为灰白色，边缘黑褐色，稍隆起。

（2）发病规律　黄斑病是一种真菌性病害，由一种子囊菌侵入引起，病菌在被害叶和落叶中越冬，翌年春天由风雨传播至新梢叶片。春、夏、秋梢叶片均能感病。

（3）防治方法　①加强栽培管理，多施有机肥料，增施磷、钾肥，促进树势生长健壮，提高抗病能力。②彻底清园。结合冬季修剪，剪除病枝病叶，集中烧毁，减少病源。③药剂防治。春季结合防治炭疽病，选用药剂进行兼防。6月上旬和下旬各喷1次80%代森锰锌可湿性粉剂800倍液，8月下旬和9月中旬各喷1次75%百菌清可湿性粉剂800倍液，效果良好。

9. 如何识别和防治脐橙黑星病？

黑星病又称黑斑病，主要危害脐橙果实，叶片、枝梢受害较轻。果实受害后，不但降低品质，而且外观差，在贮运期果实受害易变黑腐烂，造成很大损失。

（1）危害症状　果实发病，在果面上形成红褐色小斑，扩大后呈圆形，直径1～6毫米，以2～3毫米的较多，病斑四周稍隆起，呈暗褐色至黑褐色，中部凹陷呈灰褐色，其上有黑色小粒点，一般仅危害果皮。果实上黑点多时可引起落果。枝叶发病病斑与果实的相似。

（2）发病规律　以菌丝体或分生孢子器在病果或病叶上越冬，翌年春条件适宜时散出分生孢子，借风、雨或昆虫传播。3～4月份初侵染幼果，病菌潜育期长，侵入后不马上表现症状，至5～7月份果实表现症状，8～9月份为发病盛期，并可产生分生孢子进行再侵染。春季温暖高湿发病重；树势衰弱，树冠郁闭，低洼积水地，通风透光差的果园发病重。四至五龄幼树的果实发病少，七龄以上的大树发病多，老树发病更重。

(3)防治方法　①加强栽培管理，注意氮、磷、钾肥合理搭配，增施有机肥料，使树势生长良好，提高抗病能力。②结合冬季修剪，剪除病枝、病叶，清除地面落叶、落果，并集中烧毁，减少越冬病源。③药剂防治。花瓣脱落后1个月喷药，每隔15天左右喷药1次，连喷2～3次。药剂可选用0.5∶1∶100波尔多液，或30%氧氯化铜悬浮液700倍液，或40%腈菌唑可湿性粉剂4 000～6 000倍液，或10%混合氨基酸铜水剂250～500倍液，或40%硫磺·多菌灵悬浮剂600倍液，或14%络氨铜水剂300倍液，或50%乙霉·多菌灵可湿性粉剂1 500倍液，或50%多菌灵可湿性粉剂1 000倍液，或50%甲基硫菌灵可湿性粉剂500倍液，或50%苯菌灵可湿性粉剂2 000倍液，或80%代森锌可湿性粉剂600倍液。④采收时轻拿轻放，运输时快装快运快卸，减少机械伤，可防止病害发生。贮存时认真检查，发现病虫果、烂果及时剔除，防止病害蔓延。同时，贮藏库温度保持5℃～7℃，可减轻发病。

10. 如何识别和防治脐橙煤污病？

煤污病又叫煤病、煤烟病，是脐橙发生较普遍的病害。此病长出的霉层遮盖枝叶、果实，阻碍光合作用，影响植株生长和果实质量，并导致幼果腐烂。

(1)危害症状　发病初期在病部表面出现一层很薄的褐色斑块，然后逐渐扩大，布满整个叶片及果实，形成茸毛状的黑色霉层，似煤污状。叶片上的霉层容易剥落，枝叶表面仍为绿色。后期霉层上形成许多小黑点或刚毛状突起。煤污病危害严重时，叶片卷缩褪绿或脱落，幼果腐烂。

(2)发病规律　本病由多种真菌引起。除小煤炱是纯寄生菌外，其他均为表面附生菌。以菌丝体及闭囊壳或分生孢子器在病部越冬，翌年春季由霉层飞散孢子，借风雨传播。栽培管理不良、

密不透风、湿度大的果园有利发病。常以粉虱类、蚧类或蚜虫类害虫的分泌物为营养而诱发病。

(3)防治方法　①科学修剪，清除病枝病叶，密植果园及时间伐，增加果园通风透光，降低湿度，有助于控制该病的发展。②及时防治蚜虫类、蚧类和粉虱类等刺吸式口器害虫，不使病原菌有繁殖的营养条件。③药剂防治。发病初期喷 80%代森锰锌可湿性粉剂 600～800 倍液，或 50%甲基硫菌灵可湿性粉剂 1 000 倍液，或 0.3～0.5：0.5～0.8：100 波尔多液，或铜皂液(硫酸铜 0.25 千克，松脂合剂 1 千克，水 100 升)，或机油乳剂 200 倍液，或 40%克菌丹可湿性粉剂 400 倍液，每隔 10 天 1 次，连喷 3 次，以抑制病害的蔓延。

11. 如何识别和防治脐橙根结线虫病？

根结线虫病在脐橙产区时有发生，线虫侵入须根，使根组织过度生长，形成大小不等的根瘤，导致根腐烂、死亡。果树受害后，长势衰退，产量下降，严重时失收。

(1)危害症状　发病初期，线虫侵入须根，使其膨大，初呈乳白色，以后变为黄褐色的根瘤，严重时须根扭曲并结成团饼状，最后坏死，失去吸收能力。危害轻时，地上部无明显症状；严重时叶片失去光泽，落叶落果，树势严重衰退。

(2)发病规律　主要以卵和雌虫越冬。环境适宜时，卵在卵囊内发育为一龄幼虫，蜕皮后破卵壳而出，成为二龄幼虫，活动于土壤中，并侵入嫩根，在根皮和中柱间危害，刺激根组织过宽生长，形成不规则的根瘤。一般在通透性好的沙质土中发病重。

(3)防治方法　①严格实行检疫制度，加强苗木检疫，保证无病区脐橙树不受病原侵害。②培育无病苗木。苗圃地应选择前作为禾本科作物的耕地，在重病区应选择前作为水稻。有病原的土地应做如下处理：一是反复翻耕暴晒土壤。二是播种前 1

个月，每 667 米^2 沟施 98%棉隆微粒剂 3 千克。方法是将药稀释 50～150 倍，开沟深约 16 厘米，沟距 26～33 厘米，施药后覆土并踏实。③加强管理。一经发现有病苗木，用 45℃温水浸根 25 分钟，可杀死二龄幼虫。病重果园结合深施肥，在 1～2 月份，挖除 5～15 厘米深处的病根并烧毁，然后每株施石灰 1.5～2.5 千克，并增施有机肥，促进新根生长。④药剂防治。2～4 月份成年树在树干基部四周，开沟施药。沟深 16 厘米，沟距 26～33 厘米，每株施 50%棉隆可湿性粉剂 250 倍液 7.5～15 千克，施药后覆土并踏实，再浇少量水。也可在病树四周开环形沟，每 667 米^2 沟施 10%噻唑磷颗粒剂 5 千克，或 3%氯唑磷颗粒剂 4 千克。施药前按原药与细沙土1∶15 的比例，配制成毒土，均匀撒入沟内，施后覆土并淋水。

12. 如何识别和防治脐橙青霉病和绿霉病？

脐橙贮藏期间的主要病害是青霉病和绿霉病，是由真菌侵染引起的病害。可以在短期内造成大量果实腐烂，特别是绿霉病在气候较暖的南亚热带发病较重。

(1)*危害症状*　青霉菌和绿霉菌侵染脐橙果实后，病果先表现为柔软、褐色、水渍状、略凹陷皱缩的圆形病斑，2～3 天后病部长出白色霉层，随后在其中部产生青色或绿色粉状霉层，但在病斑周围仍有一圈白色霉层带，病健交界处仍为水渍状环纹。在高温高湿条件下，病斑迅速扩展，深入果肉，致使全果腐烂，全过程只需 1～2 周；干燥时则成僵果。病部与包果纸及其他接触物，青霉病无黏着性，而绿霉病有黏着性。青霉病和绿霉病病害症状的区别如表 6-1 所示。

表 6-1 青霉病和绿霉病症状比较

项目	青霉病	绿霉病
分生孢子	青色,可延及病果内部,发生较快	绿色,限于病果表面,发生较慢
白色霉带	粉状狭窄,仅1～2毫米	胶状,较宽,8～15毫米
病部边缘	水渍状,边缘规则而明显	边缘水渍状不明显,不规则
分生孢子	青色,可延及病果内部,发生较快	绿色,限于病果表面,发生较慢
气味	有霉气味	具芳香味
黏附性	对包果纸及其他接触物无黏着力	往往与包果纸及其他接触物粘连

(2)发病规律　青霉菌和绿霉菌可以在各种有机物质上营腐生生长,并产生大量分生孢子,扩散到空气中,借气流或接触传播。病菌萌发后必须通过果皮上的伤口才能侵入危害,引起腐烂,并不断蔓延。病害最适空气相对湿度为95%～98%,适宜温度为6℃～33℃,最适温度青霉病为18℃～26℃、绿霉病为25℃～27℃。因此,脐橙在贮藏初期多发生青霉病,贮藏后期随着库内温度增高,绿霉病发生较多。在采摘和贮运过程中损伤果皮,或采摘时果实成熟过度,均易发病。雨后或雾、露水天气采果易发病,果面伤口是发病的关键因素。

(3)防治方法

①严格采果操作规程确保采果质量　采果时应遵循由下到上,由外到内的原则,从树的最低和最外围果实开始逐渐向上和向内采摘。做到"一果两剪",即第一剪带果梗剪下果实,第二剪齐果蒂剪平。采果时不可拉枝、拉果,尤其是远离身边的果实不可强行拉至身边,以免折断枝条或拉松果蒂。从采收到运输和贮藏的过

程中，注意轻采、轻放、轻装和轻卸，以免造成刺伤、碰伤、压伤、摔伤。果柄不要留过长，避免刺伤果皮，尽量减少果实伤口是防止青、绿霉病的关键。

②*果实防腐处理* 采下的果实应及时地进行防腐处理，防止病菌感染。方法是采收当天立即用药剂浸泡果实1分钟左右，晾干后包装。药剂可选用50%多菌灵可湿性粉剂500～800毫克/千克，或25%抑霉唑乳油400～1000毫克/升，或50%咪鲜胺锰盐可湿性粉剂1500～2000倍液等防腐杀菌剂加20毫克/千克赤霉素混合液，既可防止病菌的侵染，又可使果蒂在较长时间内保持新鲜，提高果实耐贮性。

③*库房及用具消毒* 果实进库前，库房用硫磺粉5～10克/米^3，密闭熏蒸1～2天，然后开门窗，待药气散发后，果实方可入库贮藏。

④*控制库房温湿度* 果实入库前，应充分预贮，使果实失重3%左右，以抑制果皮的生理性活动。同时，还可起到降温的作用，使果实的轻微伤口得到愈合。脐橙贮藏库房温度要求控制在4℃～10℃、空气相对湿度控制在80%～85%，并注意通风换气。

⑤*选择适宜的天气采果* 注意不要在降雨、有雾或露水未干时采摘果实，以免果实附有水珠引起腐烂。

13. 如何识别和防治脐橙蒂腐病？

脐橙褐色蒂腐病和黑色蒂腐病统称蒂腐病，是脐橙贮藏期间普遍发生的2种重要病害，常造成大量果实腐烂。

（1）*危害症状* 褐色蒂腐病是脐橙树脂病病菌侵染成熟果实引起的病害。果实发病多自果蒂或伤口处开始，初为暗褐色的水渍状病斑，随后围绕病部出现暗褐色近圆形革质病斑，通常没有黏液流出，后期病斑边缘呈波纹状、深褐色。果心腐烂较果皮快，当果皮变色扩大至果面1/3～1/2时，果心已全部腐烂，故有“穿心

烂”之称。病菌可侵染种子，使其变为褐色；黑色蒂腐病由另一种子囊菌侵染引起，初期果蒂周围变软，呈水渍状，褐色、无光泽，病斑沿中心柱迅速蔓延，直至脐部，引起穿心烂。受害果肉红褐色，并和中心柱脱离，种子黏附中心柱上。果实病斑边缘呈波浪状，油胞破裂，常流出暗褐色黏液。潮湿条件下病果表面长出菌丝，初呈灰色，渐变为黑色，并产生许多小黑点。

(2)*发病规律*　蒂腐病病菌从果柄剪口、果蒂离层或果皮伤口侵入，在 27℃～30℃条件下果实最易感病且腐烂较快，温度在 20℃以下、35℃以上时腐烂较慢，5℃～8℃条件下不易发病。

(3)*防治方法*　采果前 1 周树冠喷洒 70%甲基硫菌灵可湿性粉剂 1 000 倍液，或 50%多菌灵可湿性粉剂 2 000 倍液。果实采收后 1 天内，用 500 毫克/千克抑霉唑溶液，或 45%咪鲜胺乳油 2 000 倍液浸果，若加入 200 毫克/千克 2,4-D 溶液还有促进果柄剪口迅速愈合，保持果蒂新鲜的作用。此外，采收所用工具及贮藏库可用 50%多菌灵或 50%硫菌灵可湿性粉剂 200～250 倍液消毒。贮藏库也可用硫磺熏蒸消毒，一般每立方米用硫磺粉 10 克，密闭熏蒸 24 小时。

14. 如何识别和防治脐橙黑腐病?

脐橙黑腐病又名黑心病。主要危害贮藏期果实，使其中心柱腐烂。果园幼果和树枝也可受害。

(1)*危害症状*　果园枝叶受害，出现灰褐色至赤褐色病斑，并长出黑色霉层。幼果受害后常成为黑色僵果。病菌由伤口和果蒂侵入果实，成熟果实通常有 2 种症状：一是病斑初期为圆形黑褐斑，扩大后为微凹的不规则斑，高温高湿时病部长出灰白色绒毛状霉，成为心腐病。二是蒂腐型，果蒂部呈圆形褐色、软腐，病斑直径约为 1 厘米，病菌不断向中心蔓延，并长满灰白色至墨绿色的霉。

(2)*发病规律*　病菌在枯枝的烂果上生存，分生孢子靠气流传播至花或幼果上，潜伏于果实内，果实贮藏一段时间出现生理衰退时才发病。高温高湿条件易发病，果实成熟度越高，越易发病。灌溉不良、栽培管理差、树势衰弱的果园，遭受日灼、虫伤、机械伤的果实，易受病菌侵染。

（3）防治方法　采前参照树脂病防治方法，采收过程中及采收后参照绿、青霉病防治方法。

15. 如何识别和防治脐橙枯水病？

（1）危害症状　病果外观与健果没有明显的区别，但果皮变硬，果实失重；切开果实，囊瓣萎缩，木栓化，果肉淡而无汁。果皮发泡，果皮与果肉分离，汁胞失水干枯，但果皮仍具有很好色泽。枯水多从果蒂开始。

（2）发病规律　成熟度高的果实，枯水病发生较严重，贮藏时间长病情较重。

（3）防治方法　①适时采摘。在果实着色七八成时，即可采摘，防止过迟采收。②果实采摘后适当延长预贮时间，保持足够的发汗时间。③采果前，树体喷施丁酰肼（比久）1 000～2 000 毫克/千克溶液，可减轻发病。④要重视有机肥的施用，不要偏施化肥。

16. 如何识别和防治脐橙水肿病？

（1）危害症状　受害果实呈半透明水渍状、水肿，果皮浅褐色，后期变为深褐色，有浓烈的酒精味，果皮、果肉分离。

（2）发病规律　脐橙水肿病是在贮藏期间，由于环境温度偏低、通风换气不良、二氧化碳积累过多而引起的一种生理性病害。

（3）防治方法　①脐橙贮藏库房温度应控制在 4℃～10℃。②保持贮藏库内有较高的氧气含量及低微浓度的二氧化碳和乙烯含量。③采果前 15～20 天喷洒 10 毫克/千克赤霉素溶液，对预防脐橙水肿病的发生有良好效果。

17. 如何识别和防治脐橙油斑病？

脐橙油斑病又称虎斑病、干疤病，主要发生在贮藏后1个月左右。油斑病不仅影响果实的外观，而且还易导致其他病菌侵入，造成果实腐烂。

(1)危害症状　发病后果皮上出现不规则形淡黄色或淡绿色病斑，病斑直径多为2～3厘米或更大，病、健部交界处明显，病部油胞间隙稍下陷，油胞显著突出，后变黄褐色，油胞萎缩下陷。病斑不会引起腐烂，但如果病斑上污染有炭疽病菌孢子等，则往往会引起果实腐烂。

(2)发病规律　油斑病是由于油胞破裂后橘皮油外渗，侵蚀果皮细胞而引起的一种生理性病害。树上果实发病是由于采前日夜温差大和露水重、风害、果实近成熟时受到机械损伤、受红头叶蝉危害，或果实生长后期使用石硫合剂、松碱合剂和胶体硫等农药；贮藏期果实受害主要是由于采收和贮运过程中的机械伤害，以及在贮藏期间温湿度和气体成分等多种因素不适宜，引起橘皮油外渗而诱发油斑病。

(3)防治方法　①果实适当早采，可减轻发病。注意不在雨水、露水未干时采摘，一般应在霜冻出现前采摘完毕。②果实在采摘、盛放、挑选、装箱和运输等操作过程中，注意轻拿、轻放、轻装和轻卸，避免人为机械损伤。③果实采摘后放置1～2天进行预贮，待果面充分干燥后贮藏。预贮可起到降温的作用，使轻微伤果的伤口得到愈合，可减轻发病。贮藏库温度要求控制在4℃～10℃，空气相对湿度控制在80%～85%，并注意通风换气。④果实生长后期，加强对刺吸式口器害虫如红头叶蝉等的防治，并注意不在此时用碱性大的药剂。

18. 如何识别和防治脐橙红蜘蛛?

红蜘蛛又名橘全爪螨,是我国脐橙产区危害最重的害螨。

(1)危害症状　红蜘蛛主要以口针危害脐橙叶片、嫩梢、花蕾和果实,尤其是幼嫩组织。成虫和若虫常群集于叶片正、反面沿主脉附近吸取汁液,叶片受害处初为淡绿色,后变为灰白色斑点,严重时叶片呈灰白色而失去光泽,引起落叶和枯梢。危害果实时,多群集在果柄至果萼下,受害幼果表面出现淡绿色斑点。成熟果实受害后表面出现淡黄色斑点,果实外观差、味变酸、品质变差。同时,因果蒂受害而出现大量落果,影响果实品质和产量。

(2)生活习性　红蜘蛛在江西省赣南地区 1 年发生 15～17 代,田间世代重叠,以卵和成螨在被害叶背面、卷叶和枝条裂缝内越冬。越冬卵翌年 3 月份左右开始大量孵化,越冬成螨也开始产卵,抽生新梢后即迁往新叶危害。

红蜘蛛的发生消长与气候、天敌、人为因子(喷药)等密切相关,尤其是气温对红蜘蛛的影响最大。通常温度为 12℃时虫口开始增加,温度为 20℃时盛发,温度为 20℃～30℃、空气相对湿度为 60%～70%时为红蜘蛛发育和繁殖最适时期。由于 4～6 月份温度和养分条件适宜(正值春梢抽发),是红蜘蛛发生和危害盛期,若遇上干旱会对脐橙造成严重危害。7～8 月份,因高温高湿和天敌增多,虫口显著减少。9～11 月份如遇气候、营养条件(秋梢)适宜,可能出现第二个危害高峰期。所以,红蜘蛛以 4～6 月份和9～11 月份危害最严重。红蜘蛛有趋嫩性和喜光性,故苗木、幼树因抽发嫩梢多,日照好,天敌少而受害重。土壤瘠薄、向阳坡的脐橙受害早且重。此外,红蜘蛛常从老叶向新叶迁移,叶面和叶背虫口均较多。

(3)防治方法　①冬季和早春降低越冬虫口基数,是防治的关键。冬季和早春脐橙萌芽前喷 0.8～1 波美度石硫合剂,或 95%

机油乳剂100～150倍液加73%炔螨特乳油1 000倍液，消灭越冬成螨，降低越冬虫口基数。②加强虫情测报：从春季脐橙发芽开始，每7～10天调查1次1年生叶片虫口密度，春季成、若螨3～5头/叶，秋季成、若螨3～5头/叶，冬季成、若螨2～3头/叶时，即进行喷药防治。③药剂防治。不同防治时期可选择不同药剂。开花前，气温一般在20℃以下，多数药剂效果差，应选择非感温性药剂，可选用5%噻螨酮乳油2 000～3 000倍液，或15%哒螨灵乳油2 000倍液。开花后，除上述药剂可用外，最好选择73%炔螨特乳油2 000～3 000倍液，或0.3～0.5波美度石硫合剂进行挑治。噻螨酮和四螨嗪不能杀死成螨，若在花后使用应与杀成螨的药剂混用，石硫合剂不能杀死卵，持效期又短，故7～10天后应再喷1次。④利用天敌以虫治虫。红蜘蛛天敌主要有食螨瓢虫、日本方头甲、塔六点蓟马、草蛉、长须螨和钝绥螨等，对天敌应注意保护，可在果园合理间作和生草栽培，间种藿香蓟、苏麻、豆科绿肥等作为天敌的中间宿主，有利于保护和增殖捕食螨等天敌。⑤农业防治。加强树体管理，提高植株抗性，干旱时及时灌水，以减轻危害。喷布药剂时可加0.5%尿素溶液，促进春梢老熟。

19. 如何识别和防治脐橙锈壁虱？

锈壁虱又名锈蜘蛛、锈螨等，我国脐橙产区均有发生。

(1)*危害症状*　锈壁虱主要危害脐橙叶片和果实，以成虫、若虫在叶片背面和果实表面，以口器刺破表皮组织，吸取汁液。果实被害，表皮油胞破坏，内含的芳香油溢出被空气氧化呈灰绿色。叶片受害，叶面粗糙、失去光泽，叶背黑褐色，引起落叶，严重时影响树势。受害果实，由于虫体及蜕皮堆积，看上去如蒙上一层灰尘，俗称“麻柑子”，严重影响果实品质和产量。幼果受害严重时果实变小变硬，呈灰褐色，表面粗糙有裂纹。大果受害后果皮呈黑褐色(乌皮)，果皮韧而厚，果肉品质下降，且有发酵味。果蒂受害后易使果实脱落。锈壁虱还可引发腻斑病。

(2)*生活习性* 锈壁虱在江西省赣南地区1年发生15～18代,世代重叠,以成螨在腋芽和卷叶内越冬。日平均温度低于10℃时停止活动,15℃时开始产卵。每年4月份开始活动,随春梢抽发,成虫逐渐迁移到新梢嫩叶上危害。4月底至5月初向果实迁移。6月份以后由于气温升高,繁殖最快,密度最大。7～9月份遇高温少雨天气,果实受害更重,8月份由于果皮增厚转而危害秋梢叶片。高温高湿不利于锈壁虱生存,9月份以后随气温下降而虫口减少。

(3)*防治方法* ①加强虫情测报。从4月下旬起用手持放大镜检查,当发现个别果实受害或当年的春梢叶背有受害症状,或叶背及果面每个视野有锈壁虱2头、气候又适宜发生时,应立即喷药防治。第一次喷药应在5月上旬,7～10月份,叶片或果实在10倍放大镜每个视野有锈壁虱3～4头,或果园中发现1个果出现被害症状,或5%叶、果有锈壁虱,应进行喷药。②药剂防治。可选用73%炔螨特乳油2 000～3 000倍液,或65%代森锌可湿性粉剂800倍液。③利用天敌防治。利用和保护长须螨和汤普逊多毛菌等锈壁虱天敌。

20. 如何识别和防治脐橙矢尖蚧?

矢尖蚧又名矢尖介壳虫、箭头蚧,我国脐橙产区均有发生。

(1)*危害症状* 矢尖蚧主要危害脐橙叶片、嫩枝和果实,以成虫和若虫群聚叶背和果实表面吸取汁液。叶片受害处呈黄色斑点,严重时叶片扭曲变形,造成卷叶和枯枝,树势衰弱,引起落叶落果,影响产量和果实品质,并诱发煤污病。

(2)*生活习性* 矢尖蚧在江西省赣南地区1年发生3代,以雌成虫和二龄若虫在叶背及嫩梢中越冬。翌年4月下旬开始产卵,第一代若虫4月底至5月上旬出现,第二代若虫7月上中旬出现,

第三代若虫9月中下旬出现，至10月份日平均温度下降至17℃时停止产卵。成虫产卵期长达40～50天，卵期极短，约1小时。初孵若虫2～3小时后即固定取食，第一代若虫多在老枝上，第二代若虫大部分在新叶及部分果实上，第三代若虫大部分在果实上。矢尖蚧不进行孤雌生殖，喜隐蔽、温暖和潮湿环境。树冠郁闭、通风透光差的果园受害重。雌虫分散取食，雄虫多聚集在母体附近危害。

(3)防治方法　①加强虫情测报。在第一代幼蚧出现后，应经常检查去年的秋梢叶片或当年的春梢叶片上雄幼蚧的发育情况，发现有少数雄虫背面出现"飞鸟状"3条白色蜡丝时，应在1～5天内喷布1次药。在3月下旬至5月初第一代幼蚧发生前，在初见初孵幼蚧出现后的21～25天内喷布1次药，隔15～20天再喷1次药。也可在5月上中旬和下旬各喷1次药。有越冬雌成虫的去年秋梢叶片达10%，或树上有1个小枝组明显有虫，或少数枝叶枯焦，或去年秋梢叶片上越冬雌成虫达15头/100片时，应喷布药剂。②药剂防治。可选用40%杀扑磷乳油1 500倍液，或25%喹硫磷乳油1 000倍液，或50%乙酰甲胺磷乳油800倍液喷施。③农业防治措施。冬季彻底清园，剪除严重的虫枝、干枯枝和郁闭枝，以减少虫源和改善通风透光条件。冬季和春梢萌发前喷8～10倍松碱合剂，或95%机油乳剂60～100倍液，消灭越冬虫卵。④利用天敌防治。日本方头甲、整胸寡节瓢虫、湖北红点唇瓢虫、矢尖蚧蚜小蜂和花角蚜小蜂等，都是矢尖蚧的天敌。在矢尖蚧发生2～3代时应注意保护和利用天敌。

21. 如何识别和防治脐橙糠片蚧？

糠片蚧又名灰点蚧，我国脐橙产区均有发生。

(1)危害症状　糠片蚧主要危害脐橙枝干、叶片和果实，叶片受害部呈淡绿色斑点，果实受害部呈黄绿色斑点，影响果实品质和外观。糠片蚧可诱发煤污病，使树体覆盖一层黑色霉层，影响光合作用，从而削弱树势，甚至导致枝、叶枯死。

(2)生活习性　糠片蚧在江西省赣南地区 1 年发生 3～4 代，以雌成虫和卵越冬，也有少数二龄若虫和蛹越冬。田间世代重叠，各代一至二龄若虫盛发于 4～6 月份、7～8 月份、8～10 月份和 11 月份至翌年 4 月份，但以 8～10 月份危害最重。雌成虫能孤雌生殖，产卵期长达 3 个月。若虫孵出后在母体下或爬出介壳固定取食，并分泌白色蜡质，形成白色绵状粉覆盖虫体。第一代若虫主要取食叶片，第二、第三代若虫主要危害果实。糠片蚧喜寄居在荫蔽或光线差的枝、叶上，尤其是有蛛网或灰尘覆盖处最多。同一株树，先危害枝干，再蔓延至果实和叶片，叶面较叶背虫多，果实上凹陷处较多。

(3)防治方法　①药剂防治。抓住一至二龄若虫盛发期喷药，每 15～20 天喷布 1 次，共喷 2 次，所用药剂同矢尖蚧。②利用天敌防治。日本方头甲、草蛉、长缨盾蚧蚜小蜂和黄金蚜小蜂等是糠片蚧的天敌，应注意保护和利用。③农业防治。加强栽培管理，增施有机肥，改良土壤结构，增强树势，提高植株的抗虫性。冬季彻底清园，剪除严重的虫枝、干枯枝和郁闭枝，以减少虫源，并改善通风透光条件。

22. 如何识别和防治脐橙黑点蚧？

黑点蚧又名黑点介壳虫，我国脐橙产区均有发生。

(1)危害症状　黑点蚧主要危害脐橙叶片、小枝和果实，以幼虫和成虫群集在叶片、果实和小枝上取食。叶片受害处出现黄色斑点，严重时可使叶片变黄。果实受害出现黄色斑点，成熟延迟，严重时影响果实品质和外观。黑点蚧还可诱发煤污病。

(2)生活习性　黑点蚧 1 年发生 3～4 代，田间世代重叠，多以雌成虫和卵越冬。田间一龄若虫于 4 月下旬出现，7 月上旬、9 月

中旬和10月中旬出现3次高峰，12月份至翌年3月份，日平均温度13℃以下时，一龄若虫处于低潮时期。全年雌虫成虫数量始终比一龄若虫多，尤其是11月份至翌年3月份最多。郁闭和生长衰弱的树有利于黑点蚧的繁殖。

(3)防治方法　①药剂防治。在若虫盛发期，每15～20天喷布1次药，共喷2次。药剂同矢尖蚧。②利用天敌防治。整胸寡节瓢虫、红点唇瓢虫、长缨盾蚧蚜小蜂和赤座霉等是黑点蚧的天敌，应注意保护和利用。③农业防治。冬季彻底清园，剪除虫枝、干枯枝和郁闭枝，以减少虫源和改善通风透光条件。

23. 如何识别和防治脐橙黑刺粉虱?

黑刺粉虱又名橘刺粉虱，我国脐橙产区均有发生。

(1)危害症状　黑刺粉虱主要危害脐橙叶片，以若虫群集在叶背取食。叶片受害处出现淡黄色斑点，叶片失去光泽，发育不良。同时，虫体排泄蜜露分泌物，容易诱发煤污病，危害严重时常引起落叶落果，影响树势和果实的生长发育。

(2)生活习性　黑刺粉虱在江西省赣南地区1年发生4代，田间世代重叠，在田间常同时出现各种虫态。大多数以三龄幼虫在叶背越冬，翌年3月份化蛹。田间各代一至二龄幼虫发生期大致如下:第一代5～6月份出现，第二代6月底至7月中下旬出现，第三代8月初至10月上旬出现，第四代10月中旬至12月份出现。成虫多在早晨露水未干时羽化，并交尾产卵。黑刺粉虱喜荫蔽环境，常在树冠内或中下部的叶背密集成弧圈产卵，每处产卵数粒至数十粒，初孵若虫常在卵壳附近爬行约10分钟后固定并取食。若虫蜕皮前足收缩并将蜕皮壳留在体背。二至三龄若虫营固定生活。

(3)防治方法　①药剂防治。在越冬成虫初见后40～45天，喷药防治第一代，或在各代一至二龄若虫盛发期喷药，隔20天再

喷布1次，药剂同矢尖蚧防治。此外，90%晶体敌百虫1000倍液防治效果也较好。②利用天敌防治。刺粉虱黑蜂、斯氏寡节小蜂、红点唇瓢虫、草蛉、黄色蚜小蜂和韦伯虫座孢菌等是黑刺粉虱的天敌，应注意保护和利用。③农业防治。剪除虫枝、干枯枝和郁闭枝，以减少虫源和改善通风透光条件。

24. 如何识别和防治脐橙木虱？

木虱是黄龙病的重要传媒昆虫，对脐橙危害极大。

(1)危害症状　木虱主要危害脐橙新梢，成虫常在芽和叶背、叶脉部位吸食，若虫危害嫩梢，使嫩梢萎缩、新叶卷曲变形。此外，若虫常排出白色絮状分泌物，覆盖在虫体活动处。木虱可诱发煤污病，影响树势和产量，造成果实品质下降。

(2)生活习性　在江西省赣南地区脐橙园，木虱各种虫态终年可见。一般1年发生6代，世代重叠，以成虫越冬。每年4月份成虫开始产卵于嫩芽上，6～8月份木虱繁殖量大，危害最重，9～10月份以后逐渐下降。木虱的田间消长与脐橙的3次抽梢相一致，一般秋梢最重，春梢次之，夏梢较少。当温度在8℃以下木虱停止活动，15℃即能产卵，每个雌虫可产卵800粒。冬季，木虱多密集于叶背，一般不产卵。卵多产于嫩芽的缝隙、叶腋和嫩梢上，但以嫩芽上为最多。成虫很活跃，能飞善跳，栖息和取食时头下俯，腹部翘起呈45°角。若虫集中在嫩芽，吸食汁液。树势弱、枝梢稀疏透光、嫩梢抽生不整齐的植株发生多，危害重。

(3)防治方法　①加强田间管理，保证园内品种纯正，抹除先零星萌发的芽，适时统一放梢，以减少木虱危害。②农业防治。砍除衰老树，减少虫源。脐橙园周围种植防护林，以防止木虱迁飞。③药剂防治。第一、第二代若虫盛发期(4月上旬至5月中旬)，第四、第五代若虫盛发期(7月底至9月中旬)，当有5%嫩梢发现有若虫危害时进行药剂防治。药剂可选用50%乐果乳油800倍液，

或50%马拉硫磷乳油1 000～2 000倍液，或80%敌敌畏乳油1 500～2 500倍液，或20%甲氰菊酯乳油1 000～3 000倍液，或20%氰戊菊酯乳油3 000倍液，或2.5%溴氰菊酯乳油3 000倍液，对成虫、若虫均有较好防治效果。④利用天敌防治。六斑月瓢虫、草蛉和寄生蜂等，都是木虱的天敌，应注意保护和利用。

25. 如何识别和防治脐橙橘蚜？

橘蚜是衰退病的传媒昆虫，在我国脐橙产区均有发生。

(1)*危害症状*　橘蚜主要危害脐橙嫩梢、嫩叶，以成虫、若虫群集在嫩梢和嫩叶上吸食汁液。嫩梢受害后，叶片皱缩卷曲、硬脆，严重时嫩梢枯萎，幼果脱落。橘蚜分泌大量蜜露可诱发煤污病和招引蚂蚁上树，影响天敌活动，降低光合作用，严重时影响树势，造成产量和果实品质下降。

(2)*生活习性*　橘蚜在江西省赣南地区1年发生20代左右，主要以卵在枝干上越冬。越冬卵3月中下旬孵化为无翅若蚜，在新梢上群集吸食危害。若虫成熟后，开始胎生若蚜，继续繁殖危害。每雌成虫能胎生幼蚜5～68头，有翅胎生雌蚜的繁殖能力较无翅蚜低。气候不适，枝叶老化或虫口密度过大时，即产生有翅胎生蚜迁飞他处危害。秋末冬初便产生有性蚜，交尾后产卵越冬。橘蚜繁殖最适温度为24℃～27℃，夏季温度过高，橘蚜死亡率高，寿命短，繁殖力低，因此春末夏初和秋季天气干旱时橘蚜发生多，危害重。

(3)*防治方法*　①冬季剪除虫枝，人工抹除抽发不整齐的嫩梢，以减少橘蚜的食料来源，从而压低虫口。②药剂防治。重点抓住春梢生长期和花期，其次是夏秋梢嫩梢期，发现20%嫩梢有无翅蚜危害即进行药剂防治。药剂可选用50%马拉硫磷乳油2 000倍液，或20%氰戊菊酯乳油或20%甲氰菊酯乳油3 000～4 000倍液，或10%吡虫啉乳油1 200～1 500倍液。③利用天敌。橘蚜的天敌有瓢虫、草蛉、食蚜蝇、寄生蜂等，应特别注意保护和利用。

26. 如何识别和防治脐橙黑蚱蝉？

黑蚱蝉又名蚱蝉、知了，我国脐橙产区均有发生。

(1)危害症状　黑蚱蝉主要危害脐橙枝梢，以成虫的产卵器在树枝上刺破枝条皮层，锯成锯齿状，并产卵于枝条的刻痕内。产卵的枝条因皮部受损，输导系统受到严重的破坏，养分和水分输送受阻，枝条上部由于得不到水分的供应而枯死。被害枝条多数是当年的结果母枝，有些可能成为翌年的结果母枝，故枝梢受害不仅影响当年树势和产量，也影响翌年产量。

(2)生活习性　黑蚱蝉 12～13 年才能完成 1 代，以枝内卵或土中若虫越冬。温度达 22℃以上，进入梅雨季节后，若虫大量出土，6～9 月份，尤其是 7～8 月份数量最多。黑蚱蝉雌性多于雄性，晴天中午或闷热天气成虫活动频繁，交尾产卵于树冠外 1～2 年生枝上。每个雌虫可产卵 500～600 粒，卵期约 10 个月，若虫孵化后即掉入土中吸食根部汁液，秋凉后即深入土中，春暖时再上移危害。若虫可在土中生活 10 多年，共蜕皮 5 次。老熟后的若虫于 6～8 月份每天下午 8～9 时出土，爬行至树干或大枝上蜕皮变为成虫。夜间成虫喜栖息在苦楝、麻楝等林木的枝干上。

(3)防治方法　①冬季翻土，杀死土中部分若虫。成虫羽化前，每 667 米^2 用 48%毒死蜱乳油 300～800 毫升对水 60～80 升泼浇树盘。也可在树干绑一条宽 8～10 厘米的薄膜带，阻止若虫上树蜕皮，并在树干基部设置陷阱(用双层薄膜做成，高约 8 厘米)，在傍晚或晴天早晨捕捉。②人工捕杀。若虫出土期的下午 8～9 时，在树干上、枝条上捕杀若虫。成虫出现后，用网袋或粘胶捕杀，或夜间在地上点火后再摇动树枝，利用成虫的趋光习性捕杀。也可利用晴天早上露水未干时和雨天成虫飞翔能力弱时捕杀。③消灭虫卵。及时剪除被害枝梢并集中烧毁，同时剪除附近

苦楝树等被害枝，以减少虫卵。

27. 如何识别和防治脐橙星天牛？

星天牛因鞘翅上有白色星点状斑而得名，我国脐橙产区均有发生。

(1)危害症状　星天牛以幼虫蛀食脐橙植株离地面 50 厘米以内的干颈和主根的皮层，将其蛀食成许多虫洞，洞口常堆积有木屑状的排泄物。虫洞切断了水分和养分的输送，轻者部分枝叶黄化，重者由于根颈被蛀食而使植株枯死。危害伤口为脚腐病菌的入侵提供了条件。

(2)生活习性　星天牛 1 年发生 1 代，以幼虫在树干基部或根部的木质部越冬。4 月下旬成虫开始出现，5～6 月份为盛期。成虫从蛹室爬出后飞向树冠，啃食树枝、树皮和嫩叶。一般成虫在上午 9 时至下午 1 时活动、交尾和产卵，高温的中午在植株根颈部活动和产卵，5 月底至 6 月中旬为产卵盛期。卵多产在离地面 0.5 米高的树皮内，产卵时雌成虫先将树皮咬成长约 1 厘米的“T”形伤口，再产卵其中。产卵处因树皮被咬破常使树液流出，表面呈湿润状或有泡沫状液体。一处产 1 粒，每雌虫一生可产卵 70～80 粒，产卵历期约 1 个月，卵期 7～14 天。幼虫孵出后即在树皮下蛀食，并向根颈或主根表皮迂回蛀食，若环绕蛀食一圈，水分和养分输送中断而使植株死亡。在表皮蛀食 2～3 个月后即蛀入木质部，11～12 月份开始越冬，翌年春化蛹。

(3)防治方法　①人工捕杀成虫。利用星天牛多于晴天中午在树皮上交尾或在根颈部产卵的习性，在立夏至小满期间选择晴天上午 10 时至下午 2 时捕杀成虫。②农业防治。加强栽培管理，增施有机肥，促使植株健壮，保持树干光滑。堵塞孔洞，清除枯枝残桩和地衣、苔藓等，以减少产卵场所，并除去部分卵粒和幼虫。③人工杀灭卵和幼虫。在 5 月下旬至 6 月份继续捕成虫的同时，检查近地面主干，发现虫卵及初孵幼虫，及时用刀刮杀；6～7月份发现地面掉有木屑，及时将虫孔的木屑排除，用废棉花蘸40%乐果乳油或80%敌敌畏乳油5～10倍液塞入虫孔，再用泥土封住孔口，以杀死幼虫。④树干刷白。在5月上中旬，将主干、主枝刷白，防止天牛产卵。刷白剂可用白水泥10千克、生石灰10千克、鲜黄牛粪1千克加水调成糊状，也可用生石灰20千克、硫磺粉0.2千克、食盐0.5千克、碱性农药0.2千克加水调成糊状。

28. 如何识别和防治脐橙褐天牛？

褐天牛又名干虫，我国脐橙产区均有发生。

(1)*危害症状*　褐天牛以幼虫蛀食脐橙植株离地面50厘米以上的主干和大枝木质部，蛀孔处常有木屑状虫粪排出，使树干水分和养分输送受阻，树势变弱，受害重的枝、干被蛀成多个孔洞，一遇干旱易缺水枯死，也易被大风吹断。

(2)*生活习性*　褐天牛2周年发生1代，以幼虫或成虫越冬。幼虫约17龄，幼虫期15～20个月。7月上旬前孵出的幼虫翌年8～10月份化蛹，10～11月份羽化为成虫，在洞内越冬，第三年4月份出洞活动。8月份以后孵出的幼虫，则要经过2个冬天，成虫第三年8月份以后出洞活动。多数成虫于5～7月份出洞活动。成虫白天潜伏于洞内，晚上出洞活动，尤其是下雨前天气闷热的晚上8～9时活动最甚。成虫产卵于距地面0.5米以上的主干和大枝的树皮缝隙或其他粗糙处。幼虫孵出后先在树皮下蛀食7～20天，再蛀入木质部，使树皮出现流胶。一般幼虫先向对面蛀食再向上面蛀食，虫道长达1～1.3米。虫道每隔一段距离开1孔洞，以便通气和排出木屑。

(3)*防治方法*　鉴于褐天牛成虫在晚上出洞，捕杀应在傍晚进行。其他防治方法与星天牛相同。

29. 如何识别和防治脐橙爆皮虫?

爆皮虫又名锈皮虫,我国脐橙产区均有发生。

(1)危害症状　爆皮虫以幼虫蛀食脐橙树干和大枝的皮层,受害处开始出现流胶,继而树皮爆裂,使形成层中断,水分和养分输送受阻,造成枯枝死树。

(2)生活习性　爆皮虫1年发生1代,以老熟幼虫在木质部越冬,未老熟幼虫在皮层中越冬。翌年4月上旬开始羽化,并在洞中潜伏7～8天,再咬破树皮出洞。在日平均温度19℃左右时(5月中旬)开始出洞,5月下旬为出洞盛期,以晴天闷热无风时出洞最多,尤其是雨后晴天出洞更多;低温阴雨天出洞少。1天内以中午出洞多。成虫晴天多在树冠上啃食嫩叶,阴雨天大多数静伏于枝叶上,成虫有假死习性。成虫出洞后1周即产卵于枝、干树皮小裂缝处,幼虫孵出后即蛀入树皮皮层,使树皮表面呈点状流胶,其后随幼虫长大逐渐向内蛀入,直抵形成层,而后即向上下蛀食,形成不规则虫道,并排泄虫粪、木屑充塞其中,使树皮和木质部分离,韧皮部干枯,树皮爆裂,严重时植株死亡。衰老树、树皮粗糙、裂缝多的树受害重。

(3)防治方法　①加强树体管理。清除枝干上苔藓、地衣和裂皮,防止爆皮虫产卵。②冬季清园,清除被害严重的枝或枯枝,并集中烧毁,消灭越冬虫源。③药剂防治。幼虫初孵化时,用80%敌敌畏乳油3倍液,或40%乐果乳油5倍液,涂于树干流胶处,可杀死皮层下的幼虫。在成虫将近羽化盛期而尚未出洞前,刮光树干死皮层,用80%敌敌畏乳油加10～20倍黏土、加适量水调成糊状,或用40%乐果乳油与煤油按1∶1比例混合,涂在被害处。在成虫出洞高峰期,用80%敌敌畏乳油2000倍液,或90%晶体敌百虫1000～1500倍液,或25%亚胺硫磷乳油500倍液,或40%乐果乳油1000倍液,喷洒树冠,可有效地杀死已上树的成虫。④在幼虫孵出期，于树体流胶处用凿或小刀削除幼虫。

30. 如何识别和防治脐橙恶性叶甲？

恶性叶甲又名黑壳虫，我国脐橙产区均有发生。

(1)危害症状　恶性叶甲以成虫和幼虫食害脐橙叶片、芽、花蕾和幼果。成虫将叶片吃成仅留叶表蜡质层或孔洞、缺刻，幼果被吃成小洞而脱落。幼虫喜群居一处食害嫩叶，并分泌黏液或粪便，使嫩叶焦黄和枯萎。

(2)生活习性　恶性叶甲 1 年发生 3～7 代，以成虫在树皮裂缝、卷叶和苔藓下越冬。3 月中下旬成虫开始交尾，卵产于嫩叶背面或叶面的边缘或叶尖，卵期 2～6 天。第一代幼虫 4～5 月份盛发，主要危害春梢，是危害最重的一代。幼虫喜群居，孵化后在叶背取食叶肉，幼虫共 3 龄，幼虫老熟后沿树干爬下，在地衣、苔藓、枯死枝干、树洞及土中化蛹。成虫不群居，活动性不强，有假死性，非过度惊扰不跳跃。脐橙果园管理差、苔藓和残桩多的均易受恶性叶甲危害，山地果园受害重。

(3)防治方法　①加强管理。清除越冬和化蛹场所，堵塞虫洞，清除残桩。②药剂防治。4～5 月份向树冠喷药 1～2 次，可杀灭成虫或幼虫。药剂可选用 90%晶体敌百虫或 80%敌敌畏乳油或 40%乐果乳油 800～2 000 倍液，或 50%马拉硫磷乳油 1 000 倍液，或烟叶水 20 倍液加 0.3%纯碱溶液，或鱼藤粉 160～320 倍液。③在幼虫入土化蛹时，在树干上捆扎带泥稻草以诱其入内，再取下烧毁，每 2 天换稻草 1 次。

31. 如何识别和防治脐橙潜叶蛾？

潜叶蛾又名绘图虫，俗称鬼画符，我国脐橙产区均有发生。

(1)危害症状　潜叶蛾主要危害脐橙嫩叶、嫩梢，果实也会受害。以幼虫蛀入嫩叶背面、新梢表皮内取食叶肉，形成许多弯弯曲

曲的银白色虫道,“鬼画符”一名即由此而来。被害叶片常常卷曲、硬化而易脱落,发生严重时,新梢、嫩叶几乎无幸免,严重影响枝梢生长和产量,并易诱发溃疡病。卷叶还为红蜘蛛、锈壁虱和卷叶蛾等害虫,提供越冬场所。果实受害易腐烂。

(2)生活习性　潜叶蛾在江西省赣南地区1年发生10多代,世代重叠,以蛹及老熟幼虫在被害叶卷边中越冬。潜叶蛾越往南方发生越早,危害越重。4～5月份平均温度达20℃左右时开始危害新梢嫩叶,6月初虫口迅速增加,7～8月份危害夏、秋梢最盛。成虫多于清晨羽化和交尾,白天潜伏不动,夜间将卵散产于长2～3厘米的嫩叶背面主脉两侧,秋梢多产于叶面,夏梢多产于叶背,绝大多数产在5～25毫米的嫩叶上,超过25毫米的嫩叶很少产卵。每叶产卵数粒,幼虫孵出后蛀入叶表皮下取食,老熟幼虫化蛹于被害叶边缘卷曲处。在气温27℃～29℃条件下从卵孵化至成虫产卵为13.5～15.6天,卵期1～2天。田间世代重叠,高温多雨时发生多,危害重。幼树和苗木抽梢多、抽发不整齐的受害重,夏梢受害重,秋梢次之,春梢基本不受害。

(3)防治方法　①农业防治。7～9月份夏、秋梢盛发时,是潜叶蛾发生的高峰期,抹除过早、过迟抽发的零星不整齐梢,通过控梢限制或中断潜叶蛾食料来源。在潜叶蛾发生低峰期放梢,以避开其危害,一般在8月上旬“立秋”前后7天左右放秋梢。此外,夏、秋季控制肥水施用,冬季剪除受害枝梢,以减少越冬虫源。②化学防治。在放梢期,当大部分夏梢或秋梢初萌芽长0.5～1厘米时立即喷药防治,每5～7天喷药1次,连喷2～3次,直至停梢为止。药剂可选用1.8%阿维菌素乳油4 000～5 000倍液,或10%吡虫啉可湿性粉剂1 000～2 000倍液,或5%啶虫脒乳油2 000～2 500倍液,或2.5%溴氰菊酯乳油2 000～3 000倍液。③寄生蜂是潜叶蛾幼虫的天敌,应注意保护和利用。

32. 如何识别和防治柑橘凤蝶？

柑橘凤蝶又名橘黑黄凤蝶，我国脐橙产区均有发生。

(1)危害症状　柑橘凤蝶主要危害脐橙嫩叶，常将嫩叶、嫩枝吃成缺刻，甚至吃光。

(2)生活习性　柑橘凤蝶1年发生3～6代，以蛹在枝干上、叶背等隐蔽处越冬。田间世代重叠，3～4月份羽化为春型成虫，7～8月份羽化为夏型成虫。成虫白天活动，喜在花间采蜜、交尾，产卵于嫩芽上和嫩叶背面或叶尖。幼虫孵出后即在原地取食，先食卵壳，而后食芽和嫩叶，逐渐向下取食成长叶。幼虫遇惊时即伸出臭角，发出难闻的气味以避敌害，老熟后多在隐蔽处吐丝做垫，头斜向悬空化蛹。

(3)防治方法　①人工摘除卵并捕杀幼虫，冬季清除越冬蛹。②药剂防治。虫多时选用90％晶体敌百虫或80％敌敌畏乳油1 000倍液，或2.5％溴氰菊酯乳油或10％氯氰菊酯乳油或2.5％氯氟氰菊酯乳油3 000～4 000倍液。③凤蝶金小蜂、凤蝶赤眼蜂和广大腿小蜂等寄生蜂，可在凤蝶的卵和蛹中产卵寄生，是凤蝶的天敌，应注意保护和利用。

33. 如何识别和防治脐橙花蕾蛆？

花蕾蛆又名橘蕾瘿蝇，俗称灯笼花，我国脐橙产区均有发生。

(1)危害症状　花蕾蛆主要危害脐橙花蕾，成虫在花蕾直径2～3毫米时，从其顶端将卵产于花蕾中，幼虫孵出后在花蕾内蛀食，蕾内组织被破坏，雌、雄蕊停止生长，被害花蕾不能开放，呈黄白色圆球形，扁苞，质地硬而脆，形似南瓜；花瓣呈淡黄绿色，有时有油胞，终至膨大形成虫瘿。

(2)生活习性　花蕾蛆在江西省赣南地区1年发生1代，以幼虫在树冠下3～6厘米深土中越冬。脐橙现蕾时成虫羽化出土，刚

出土的成虫，尚无飞翔力，但能在地面爬行，当爬行至适当位置后，白天潜伏于地面，夜间活动和产卵。花蕾直径 2～3 毫米，顶端松软或有小缝隙处最适于产卵。成虫用细长的产卵管刺入花蕾内产卵，孵化的幼虫在花蕾中取食。幼虫食害花器，使花瓣变厚，花丝、花药变成褐色。受害花蕾肿大，花瓣弯曲、粗短、淡绿色，花柱缩短，子房变扁，雄蕊畸形。幼虫善跳跃，在花蕾中生活约 10 天，老熟后即爬出花蕾弹跳入土化蛹，进行越夏、越冬。阴雨天有利于成虫出土和幼虫入土，阴湿低洼园地、背阴山地、荫蔽果园、沙土、壤土有利于花蕾蛆发生。

(3)*防治方法*　①地面喷药。一般在 3 月下旬前后，成虫大量出土前 5～7 天，或在花蕾有绿豆大小时，抓住成虫出土的关键时期进行地面喷药。花蕾初期，萼片开裂、刚能见到白色花瓣时，立即在地面喷布药剂，以杀死刚出土成虫。药剂可用 50%辛硫磷乳油 1 000～2 000 倍液，或 2.5%溴氰菊酯乳油 3 000～4 000 倍液，或 90%晶体敌百虫 400 倍液，或 80%敌敌畏乳油 800～1 000 倍液，7～10 天 1 次，连续 1～2 次。②树冠喷药。成虫已开始上树飞行，但尚未大量产卵前，进行树冠喷药。药剂可用 2.5%氯氟氰菊酯乳油 3 000～5 000 倍液，或 20%氰戊菊酯乳油 2 500～3 000 倍液，或 80%敌敌畏乳油 1 000 倍液加 90%晶体敌百虫 800 倍液。在花蕾现白期及雨后的第二天及时喷药，效果更好。③人工防治。幼虫入土前，摘除受害花蕾煮沸或深埋。冬春季深翻园土，以杀灭部分幼虫。④在成虫出土前覆盖地膜，既可使成虫闷死于地表，又可阻止杂草生长。但成本高。

34. 如何识别和防治脐橙金龟子？

金龟子种类多，食性杂，分布广，我国脐橙产区均有发生。危害脐橙的金龟子主要有铜绿金龟子和茶色金龟子。多发生在山区新垦脐橙园及幼龄脐橙园。在江西省赣南地区危害最严重的是茶色金龟子。

(1)危害症状　茶色金龟子主要以成虫危害春梢嫩叶、花和果实。因为成虫取食量大，严重影响春梢和幼果的生长发育，影响树势和产量。

(2)生活习性　茶色金龟子在江西省赣南地区 1 年发生 2 代，以幼虫在土壤中越冬。成虫于 4 月上中旬开始羽化，4 月底至 5 月上中旬盛发，危害最严重。第一代成虫于 5 月中下旬开始产卵，6 月初幼虫开始孵化，7 月中旬左右羽化；第二代成虫 8 月交尾产卵，成虫白天潜伏土中不活动，夜间交尾、取食。以闷热天气数量最多。成虫有较强趋光性及假死习性。其卵产于土中，幼虫在土中 9～10 月份开始越冬。

(3)防治方法　①地面用药。脐橙园进行冬季耕翻时，每 667 米^2 用 50%辛硫磷乳油 250 克，与细土 20～25 千克混合均匀制成药土撒施于地面，可杀死土内幼虫及成虫，效果良好。②树冠喷药。金龟子主要于傍晚出来取食，所以傍晚前喷药效果最佳。药剂可选用 90%晶体敌百虫 1 000 倍液，或 80%敌敌畏乳油 1 500 倍液，或 50%马拉硫磷乳剂 1 000 倍液，或 50%辛硫磷乳油 600～800 倍液，于傍晚喷射树冠。③人工捕捉成虫。利用其假死性，成虫羽化时，可在树冠下放布毯或油水盆，于傍晚组织人工捕杀，收集从树上振落的成虫，予以杀死。也可利用金龟子群聚习性，在果树枝上系一个瓶口较大的玻璃瓶，最好是浅色的，使瓶口距树枝 2 厘米左右。每只瓶中装 2～3 头活金龟子，金龟子会陆续飞到树枝上，然后钻进瓶中。一般可每隔 3～4 株树吊 1 个瓶子，金龟子多时，1 天即可钻满 1 瓶，取下瓶子用沸水烫死金龟子，倒出来处理掉，将瓶洗刷干净继续使用。④灯光诱杀成虫。利用成虫的趋光性，在果园中安装频振式杀虫灯或 5 瓦节能灯或黑光灯，在灯光下设油水盆，利用紫外光和水面光，诱导成虫落水，诱杀成虫。⑤药剂诱杀。利用成虫的趋食性，可在果园中分散设点投放一些经药

剂处理过的烂西瓜或食用后的西瓜皮,诱杀成虫,药剂可选用90%晶体敌百虫20～50倍液。

35. 如何识别和防治脐橙象鼻虫?

象鼻虫又称象虫、象甲,我国脐橙产区均有发生。

(1)危害症状　危害脐橙的象鼻虫有多种,其中大绿象鼻虫、灰象鼻虫和小绿象鼻虫比较普遍。成虫危害叶片,被害叶片的边缘呈缺刻状。幼果受害果面出现不正常的凹陷缺刻,严重的引起落果,危害轻的果实尚能发育成长,但成熟后果面有伤疤,影响果实品质。

(2)生活习性　1年发生1代,以幼虫在土内越冬,翌年清明前成虫陆续出土,爬上树梢,食害春梢嫩叶,4月中旬至5月初开始危害幼果。成虫产卵期长,4～7月份陆续产卵,积聚成卵块。每头雌虫一生可产卵31～75块,每次产卵达20～100粒。5月中下旬是幼虫孵化最盛时期,幼虫孵化后从叶片落地钻入土中,入土深达10～15厘米。以后在土中生活,蜕皮5次,早孵化的幼虫当年可化蛹羽化,以成虫在树上越冬,7月份以后孵化的则以幼虫越冬。成虫有假死性,寿命长达5个多月,4～8月份在果园均可见到。

(3)防治方法　①人工捕杀。每年清明以后成虫渐多,中午前后在树下铺上塑料薄膜,然后摇树,成虫受惊即掉在薄膜上,将其集中杀灭。盛发期每3～5天捕捉1次。②胶环捕杀。清明前后用胶环包扎树干阻止成虫上树,并随时将阻集在胶环下面的成虫收集处理,直至成虫绝迹后取下胶环。胶环制作方法:先用宽约16厘米的硬纸(牛皮纸、油纸等)绕贴在树干或较大主枝上,用麻绳扎紧,然后在纸上涂以黏虫胶。黏虫胶的配方为松香3千克、桐油(或其他植物油)2千克、黄蜡50千克,先将油加温至120℃左右,再将研碎的松香慢慢加入,边加边搅,待完全熔化为止,最后加入黄蜡充分搅拌，冷却待用。③化学防治。成虫出土期，用50%辛硫磷乳油200～300倍液，于傍晚浇施地面；成虫上树危害时用2.5%溴氰菊酯乳油3000～4000倍液，或90%晶体敌百虫800倍液，或80%敌敌畏乳油800倍液喷杀。

36. 如何识别和防治脐橙吸果夜蛾？

危害脐橙的吸果夜蛾主要有嘴壶夜蛾和鸟嘴壶夜蛾。

(1)危害症状　吸果夜蛾主要以成虫危害果实，成虫夜间飞往脐橙园用细长尖锐的口器刺入果实吸取果汁，被刺伤口逐渐软腐成水渍状，引起果实腐烂脱落。危害严重时，可使果实损害5%～10%。

(2)生活习性　①嘴壶夜蛾在江西省赣南地区1年发生4代，以幼虫或蛹在汉防己、木防己等野生植物上越冬，世代不整齐。成虫夜间产卵，每雌虫平均产卵100粒，多产于汉防己叶片正面，幼虫全年可见，但以9～10月份发生量较多。幼虫老熟后在枝叶间吐丝黏合叶片化蛹。成虫危害果实主要受果实成熟度和温度的影响，果实有一定的成熟度才会受害，温度在16℃以上时危害最重，夜间温度13℃时显著减少，10℃左右停止取食。成虫略具假死性，对光和芳香味有显著趋性。成虫夜间进入果园活动危害，21～23时为活动高峰，天亮前后飞离脐橙园，分散在杂草、篱笆等处潜伏。危害高峰期在10月上旬至11月上旬，以后随着温度的下降和果实的采摘，危害减少和终止。卵的天敌有澳洲赤眼蜂，幼虫的天敌有小茧蜂、姬蜂和黑额睫寄蝇，成虫的天敌有螳螂和蚰蜒等。②鸟嘴壶夜蛾在江西省赣南地区1年发生4代，幼虫、成虫均可越冬，世代不整齐，5～11月份均可发现成虫。成虫略有假死性，产卵于果园附近背风向阳处的汉防己或木防己叶背。幼虫以叶片为食料，所以靠近山林或盛长灌木杂草的果园受害重。幼虫行动敏捷，有吐丝下垂习性，白天多静伏于荫蔽的木防己叶下或周

围杂草丛中及石缝等处，夜间取食。初龄幼虫多食木防已顶端嫩叶，吃成网状。三龄后幼虫沿植株向下取食，将叶吃成缺刻，甚至整叶吃光。老熟时在木防已基部或附近杂草丛内缀叶结薄茧化蛹。成虫夜间活动，有趋光性，即黄昏后飞往果园危害果实，喜食好果，天明后则隐蔽在杂草丛中。9～10 月份为危害盛期。卵的天敌有松毛虫赤眼蜂，蛹的天敌有姬蜂和寄生蝇。

(3)防治方法 ①合理规划果园。山区或半山区发展脐橙时应成片大面积栽植，尽量避免零星栽植。②铲除幼虫寄主。清除果园及周边的幼虫中间寄主——木防已、汉防已等。③灯光诱杀成虫。利用成虫夜间活动和有趋光性的特点，安装黑光灯、高压汞灯或频振式杀虫灯，诱杀成虫，减少危害。④驱避成虫。在成虫危害期，每树用 5～10 张吸水纸，每张纸滴香茅油 1 毫升，傍晚时挂于树冠周围，或用棉花团蘸上香茅油挂于树冠枝条上，或用塑料薄膜包樟脑丸，上刺数个小孔，每树挂 4～5 粒，均有一定的驱避效果。⑤生物防治。在 7 月份前后大量繁殖赤眼蜂，在脐橙园周围释放，寄生吸果夜蛾卵粒。⑥药剂防治。开始危害时，可喷洒 5.7％氟氯氰菊酯乳油或 2.5％氯氟氰菊酯乳油 2 000～3 000 倍液。此外，用 90％晶体敌百虫 20 倍液浸泡香蕉诱杀成虫，或夜间人工捕杀成虫也有一定效果。

37. 如何识别和防治脐橙吉丁虫？

(1)危害症状 吉丁虫属鞘翅目，吉丁虫科。危害脐橙的吉丁虫，主要有爆皮虫和溜皮虫 2 种。①爆皮虫。以幼虫蛀害脐橙主干，先在主干表皮下危害，树皮外出现小油点，削开树皮可见细小的虫体和隧道。随着幼虫的长大，逐渐蛀食木质部，使韧皮部和木质部之间出现弯曲盘旋的隧道，皮层爆裂，凹陷流胶，导致腐烂，甚至引起全株枯死。②溜皮虫。又名缠皮虫，以幼虫顺 1.5～2 厘米直径的脐橙枝条蜿蜒危害，引起流胶，并使皮层剥裂，枝条枯死，削弱树势，降低产量。

(2)生活习性　①爆皮虫。爆皮虫1年发生1代，以老熟幼虫在木质部越冬，少数低龄幼虫也能在韧皮部越冬。翌年4月上旬开始羽化并在洞中潜伏7～8天，再咬破树皮出洞。在日平均温度19℃左右时(5月中旬)开始出洞，5月下旬为出洞盛期，以晴天闷热无风时出洞最多，尤以雨后晴天出洞更多；低温阴雨天出洞少，1天内以中午出洞多。晴天成虫多在树冠上啃食嫩叶，阴雨天大多数静伏于枝叶上。成虫有假死习性，出洞后1周即产卵于枝及干的树皮小裂缝处，幼虫孵出后即蛀入树皮皮层，使树皮表面呈点状流胶。随幼虫长大逐渐向内蛀入，直抵形成层，而后即向上下蛀食，形成不规则虫道，并排泄虫粪及木屑，充塞其中，使树皮和木质部分离，韧皮部干枯，树皮爆裂，严重时植株死亡。衰老树、树皮粗糙、裂缝多的树受害重。②溜皮虫。1年发生1代，以幼虫在木质部越冬。成虫5月下旬开始出洞，6月上旬达盛期，7月份仍有成虫出洞，因此产卵、孵化和幼虫蛀入木质部的时间不一。早出洞的多在6月上旬产卵，6月中旬孵化，6月下旬至7月上旬达盛期，危害最重(称此幼虫为夏溜)，幼虫7月下旬蛀入木质部，翌年5～6月份羽化。少数后期出洞者7～8月份产卵，幼虫(称为秋溜)危害轻且晚，8月上旬蛀入木质部，翌年6～7月份羽化。成虫出洞5～6天即产卵于树枝表皮上，外面带有褐色覆盖物。卵期15～24天。幼虫先在皮层危害，受害处出现泡沫状流胶，幼虫沿枝条啃食，形成长约30厘米的螺旋形虫道，虫道经过处树皮剥裂，泡沫状流胶消失，沿虫道两边树皮能愈合。老熟幼虫蛀入木质部深10～11厘米处越冬。

(3)防治方法　①加强栽培管理，培壮树势，提高树体抗虫性。②人工清除死树残桩和枯枝，予以集中烧毁。同时，在5～7月份，用刀刮杀虫卵和初孵幼虫，减少虫源。③在成虫羽化出洞和虫卵孵化幼虫后，喷药防治。药剂可选用40%乐果乳油1 000倍

液，或 25 %水胺硫磷乳油 1 500 倍液，或 90%晶体敌百虫 800 倍液，或 80%敌敌畏乳油 1 000 倍液。

38. 如何识别和防治蜗牛？

(1)危害症状　蜗牛成虫和幼虫取食脐橙枝、叶皮层，影响光合作用的正常进行，使植株生长受阻。蜗牛取食枝、叶时，还分泌黏液，使枝、叶皮层腐烂，造成 1～2 厘米粗的枝梢干枯。蜗牛还取食果实，使果实产生孔洞，慢慢发黄而脱落。

(2)生活习性　蜗牛属有肺目，大蜗牛科。1 年发生 1 代，以 5～6 月份危害较重。以成体或幼体在浅土层或落叶下越冬，壳口有一白膜封住。3 月中旬开始活动，晴天白天潜伏，晚上活动，阴雨天则整天活动。刮食枝、叶、干和果实的表皮层及果肉，并在爬行后的叶片和果实表面留下一层光滑黏膜。5 月份成虫在根部附近疏松的湿土中产卵，卵表面有黏膜，许多卵产在一起，开始是群集危害，后来则分散取食。低洼潮湿的地区和季节发生多、危害重；干旱时则潜伏在土中，11 月份入土越冬。

(3)防治方法　①10～11 月份铲除杂草，扫除落叶，集中烧毁。同时浅锄树盘，拾净蜗牛，集中杀灭越冬的成、幼虫。②蜗牛 3 月份开始活动，白天躲在杂草丛中或脐橙树缝，夜间取食柑橘枝、叶，阴雨天则整天取食。宜在早晨、夜晚和阴雨天人工捕捉杀灭。③5 月份是蜗牛产卵盛期，此期对脐橙园进行中耕松土，使大批卵块露出土面，太阳暴晒至破裂而死。同时，放养鸡、鸭，啄食蜗牛卵。④在脐橙园每 5 米^2 放置绿肥、青草一堆，诱集蜗牛，然后将其集中捕杀。也可在蜗牛活动期，每 667 米^2 用石灰 50～60 千克，或茶籽饼粉 4～5 千克，或 3%灭蜗灵(有效成分为多聚乙醛)颗粒剂 1.5～2 千克拌土 10 千克撒施。此外，还可对土面喷布 5%～10%硫酸铜溶液，或 1%茶籽饼浸出液。

39. 如何识别和防治白蚁?

(1)*危害症状* 脐橙树根颈部接近腐殖质或杂草,易受白蚁危害。白蚁侵害脐橙树,会使地上部叶片褪绿黄化。地下部根颈周围被蛀处冒白沫,并有黏胶液流出。韧皮部严重被蛀者会发出臭味,造成脐橙枯枝,甚至死树。

(2)*生活习性* 白蚁是一种组织性强、高度分工的昆虫,它的生活始终离不开周围的自然环境,白蚁为了适应环境和生存,有一定的生活规律。①群栖性。白蚁是一种营巢穴生活的昆虫,无论何种白蚁,都营建巢穴群体并把巢当做大本营。但由于白蚁种类不同,蚁巢结构有简单和复杂之分。庞大的蚁巢,穿掘隧道虽然纵横密布,但均连接若干主道通往主巢,构成一个整体,蚁群中的蚁王、蚁后长住在王宫。有翅繁殖蚁的性器官没有成熟,如果不是受惊,是不会远离巢心的。工蚁、兵蚁有专门职能,要频繁外出往返。它们在外活动期间,一般长达 4～7 天时间,内部联系十分密切,看上去犹如一个整体。②趋暗性。白蚁畏光趋向于阴暗,过的是隐蔽生活。外出采食吸水,在地下或木材内部穿掘隧道。即使离开巢穴到另一处取食点,也要事先筑好泥管式或泥被式的通道,与外部光亮隔绝。③趋湿性。白蚁有趋湿性,离开水无法生活,黑翅土白蚁本身含水量达 79%。④整洁性。白蚁有整洁特性,白蚁群个体间相遇时互相清洁,互相舐吮,互相喂食,彼此还吞食同类的尸体,及时搬走粪便和蜕皮等排泄物。⑤趋温性。白蚁是喜温性昆虫,气温是影响白蚁分布的主要因素。不同种类的白蚁对温度要求也有显著差别,如黑胸散白蚁可以适应北方地区的低温。⑥敏感性。白蚁活动对外界干扰反应十分敏感。⑦嗜好性。白蚁食谱中,纤维素占很大的比重。⑧分群性。白蚁传播主要靠羽化分群。黑翅土白蚁幼年巢须经过 5 年以上的发展过程,才能形成成熟巢,出现有翅成虫分化现象。

(3)防治方法　①冬季挖除园内枯腐树蔸和树根，清除灌木丛和杂草，集中烧毁。发现蚁路，跟踪挖除蚁巢，并喷洒 80%敌敌畏乳油 200 倍液，或 90%晶体敌百虫 150 倍液。②4～5 月份是白蚁分飞季节，可根据分群孔挖掘蚁巢，同时喷布 2%毒死蜱(1 千克/米^2)溶液消灭白蚁。③选择白蚁活动地，堆积杂草和灌木等，上面盖土 3 厘米厚，10 天后白蚁即在其中取食。此时每平方米撒施 70%灭蚁灵粉剂 3～5 克，可使白蚁中毒死亡。④对已被白蚁侵害的植株，将土扒开暴露受害部位，再用 90%晶体敌百虫 15 倍液，或 40%乐果乳油 20 倍液涂刷树干。⑤栽树时将根颈部露出地表，已深栽的应将根颈部嫁接口裸露。对白蚁侵害的树干，可采用桥接或靠接的方法增根，使之尽快恢复树势。

(二)疑难问题

1. 怎样选购防治脐橙病虫害的农药?

(1)农药使用原则　①允许使用中等毒性以下的植物源农药、动物源农药和微生物源农药。②在矿物源农药中，允许使用硫制剂和铜制剂农药。③可以有限度地使用低毒和中等毒性的有机农药，但每种有机合成农药在脐橙的一个生长季内只能使用 1 次。④严禁使用高毒、高残留农药和致癌、致畸、致突变的农药。

(2)农药剂型　①粉剂不溶于水，只能作喷粉用。②可湿性粉剂对水稀释成悬浮液。③可溶性粉剂可直接溶于水。④乳油对水成乳状液，易吸附在植物体和虫体上，残效期长。⑤胶悬剂兼有乳油和可湿性粉剂的共同特点，黏着性强。⑥水剂直接对水喷施，黏着性差，使用时宜加入洗衣粉等作为展着剂。⑦微胶囊剂为在农药的微滴或微粒外面包裹一层囊皮，囊皮破裂后药剂逐渐释放，所以又叫缓释剂。其特点是残效期长，可减少施药次数。

(3)农药选购方法　①购药时，要认真识别农药的标签和说明。合格农药会标明农药品名、有效成分含量、注册商标、批号、生产日期、保质期，并且有“三证”号：农药登记证号、准产证号和产品标准号。同时，附有产品说明书和合格证书。②可湿性粉剂、可溶性粉剂等应无结块现象。③水剂无浑浊。④乳剂应透明。⑤颗粒剂无过多的粉末。⑥胶悬剂出现分层属正常现象，但摇晃后应无分层。

2. 无公害脐橙生产提倡使用哪些化学农药？

(1)矿物源杀虫剂和杀菌剂　这类药剂有机油乳剂、柴油乳剂、松焦油原液、波尔多液、硫悬乳剂、氢氧化铜、硫酸铜及硫酸铜配制的药剂、石硫合剂及硫磺配制的药剂等。凡能用以代替有毒农药的，都要积极使用。

(2)低毒低残留化学杀菌剂　这类药剂有甲基硫菌灵、多菌灵、代森锰锌、三唑酮、百菌清、甲霜灵、异菌脲、代森锰锌、菌毒清、氟硅唑、硫酸链霉素、混合脂肪酸、波尔·锰锌等。在必须用药防治的情况下，首先使用。

(3)低毒低残留化学杀虫剂　这类药剂有敌百虫、噻螨酮、炔螨特、四螨嗪、辛硫磷、吡虫啉、三唑锡和多虫清等。在必须用药杀虫的情况下，首先使用。

(4)有限制地使用的中等毒性农药　这类药剂有敌敌畏、杀螟硫磷、抗蚜威、甲氰菊酯、氯氟氰菊酯、氰戊菊酯、高效氯氰菊酯等。在防治脐橙病虫害中，可以有限制地使用。

3. 无公害脐橙生产严禁使用哪些化学农药？

根据中华人民共和国农业行业标准《无公害食品　柑橘》(NY/T 5015—2001)的规定，无公害柑橘生产禁止使用的农药见表6-2。

表 6-2　无公害柑橘生产禁止使用的农药

种　类	农药名称	禁用原因
有机氯类杀虫(螨)剂	六六六、滴滴涕、林丹、硫丹、三氯杀螨醇	高残毒
有机磷杀虫剂	久效磷、对硫磷、甲基对硫磷(甲基1605)、治螟磷、地虫硫磷、蝇毒磷、丙线磷(益收宝)、苯线磷、甲基硫环磷、甲拌磷、乙拌磷、甲胺磷、甲基异柳磷、氧化乐果、磷胺	剧毒高毒
氨基甲酸酯类杀虫剂	涕灭威(铁灭克)、克百威(呋喃丹)	高　毒
有机氮杀虫剂	杀虫脒等	致　癌
有机锡杀菌剂	三环锡、薯瘟锡、毒菌锡等	致　畸
有机砷类杀虫剂	福美胂、福美甲胂	高残留
杂环类杀菌剂	敌枯双	致　畸
有机氮杀菌剂	双胍辛胺(培福朗)	高　毒
有机汞杀菌剂	氯化乙基汞(西力生)、醋酸苯汞(赛力散)	高残留
有机氟杀虫剂	氟乙酰胺、氟硅酸钠	剧　毒
熏蒸剂	二溴乙烷、二溴氯丙烷	致畸、致癌、致突变
二苯醚类除草剂	除草醚、草枯醚	慢性毒性

4. 无公害脐橙生产允许使用哪些生物农药?

(1)农抗类杀菌剂　此类农药有多氧霉素、中生菌素、灭瘟素、春雷霉素、多抗霉素、井冈霉素、嘧啶核苷类抗菌素、武夷霉素、内疗素等。

(2)农抗类杀虫剂　此类农药有阿维菌素、华光霉素、杀蚜素和浏阳霉素等。

(3)植物性杀虫剂　此类农药有苦参碱、烟碱、虫敌、除虫菊素、鱼藤酮、大蒜素、芝麻素、克蚜素、茼蒿素和印楝素等。

(4)病原微生物杀虫剂　此类农药有苏云金杆菌、白僵菌、绿僵菌、昆虫病毒和病原线虫等。

(5)昆虫生长调节剂　此类农药有除虫脲、氟啶脲、杀铃脲、噻嗪酮、昆虫信息素、昆虫外激素、性信息素和活体制剂等。

5. 合理使用农药应注意哪些事项?

(1)对症下药　农药品种很多,性状不同,应针对防治对象,选用最适合的农药。

(2)适时用药　保护性杀菌剂一定要在发病前或发病初期使用,芽前除草剂要在作物萌芽前使用。禁止夏季中午高温时间喷施高毒农药,连续施药时间不要过长。

(3)严格掌握施药量　任何农药均应按推荐用量使用,随意增减易造成作物药害或影响防效。

(4)施药要周到　不能重喷或漏喷,以保证对作物安全,对病虫草有效。使用喷雾器喷药时不要迎风操作,不要左右两边同时喷射,应隔行喷雾,最好能倒退行走操作。大风和中午高温时应停止施药。

(5)注意安全　配药、施药和搬药时,要戴口罩、胶手套、穿长袖衣裤、鞋袜,防止药剂沾染皮肤、眼睛。同时,不得喝酒、饮水、抽烟、吃东西、讲话、嬉戏和用手擦嘴、擦脸、擦眼睛。喷药后,若需进食、饮水、抽烟,应先洗手、洗脸、漱口。每天搬药或施药时间不得超过 6 小时。配药应在远离饮用水和居民点的地方进行,用后的农药包装物要烧毁或深埋,切不可用农药瓶、农药袋来装食品和饮用水。

6. 脐橙病虫害防治安全用药要求有哪些?

(1)合理用药　①首先做好预测预报,根据病虫害发生的原

因和条件，正确诊断，选择适当农药对症防治。②混合和交替使用不同的农药，防止长期使用某一种或某一类农药而使病菌、害虫产生抗药性。③改进农药使用性能，如在农药中加入缓释剂、渗透剂和展着剂等，既节省农药，又提高药效。④采用低量或超低量的喷药机械，要求喷雾或喷粉机械喷得快、喷得细、喷得均匀。⑤严格控制农药使用的浓度和剂量，施药量和安全间隔期符合国家要求标准，达到最高残留限量标准。

(2)正确施药　①防治病害，应在病害发生前喷保护剂，病害发生后喷施治疗剂。②防治虫害要针对所防虫类及其虫态，使用杀虫剂和杀螨剂。有的农药专杀成螨，有的专杀幼螨、若螨，要根据当时的虫态选择针对性强的药剂。③防治害虫和害螨，应在卵孵化盛期，或幼虫低龄期，进行喷药。④防除杂草，应在小草期喷药防治。⑤害虫危害习性不同，有的危害叶正面，有的危害叶背面，喷药要上下里外均匀周到。⑥刮风、下雨天气和露水未干时，不能喷药。⑦粉剂农药应在无风无雨天气喷布，也可在早、晚露水未干时喷布。

(3)保证安全间隔期　根据中华人民共和国农业行业标准《无公害食品　柑橘生产技术规程》(NY/T 5015－2002)的规定，柑橘生产中常用农药安全间隔期如表6-3所示。

表6-3　柑橘生产常用农药安全间隔期

通用名	安全间隔/天	通用名	安全间隔/天
炔螨特	30	噻嗪酮	35
三唑锡	21	除虫脲	35
双甲脒	21	嘧啶核苷抗菌素	15
喹硫磷	21	石硫合剂	15
乐　果	21	多氧霉素	15
毒死蜱	21	波尔多液	15

续表 6-3

通用名	安全间隔/天	通用名	安全间隔/天
杀螟丹	21	王　铜	15
机油乳剂	15	氢氧化铜	15
哒螨灵	30	代森锰锌	15
氟虫脲	30	腐殖酸铜	21
溴螨酯	21	多菌灵	21
阿维菌素	21	百菌清	21
辛硫磷	15	溴菌腈	21
敌百虫	28		

7. 怎样使用黑光灯防治脐橙害虫？

(1)黑光灯灭虫原理　安装黑光灯灭虫是利用成虫的趋光性，诱集并杀灭各种害虫。黑光灯灯管像日光灯，发出的是天蓝色而略带紫色的亮光，光波为 3 650 埃。这种紫外光光源，人的眼睛看不见，所以称为黑光灯。然而这种天蓝色而略带紫色的亮光，对趋光性较强的成虫来说是能看见的一种强光，因此可诱集较多的害虫成虫。黑光灯下设有挡虫玻璃板，挡虫玻璃板下设有收集器，收集器内放水和少量敌百虫。害虫成虫扑灯时，即掉入收集器中被杀灭。据华中农业大学调查，黑光灯能诱集 200 多种害虫。

(2)黑光灯使用方法　黑光灯应装置在比较空旷的地方，附近无其他灯光，也不能被大树等障碍物遮住光线。一般每 2 公顷脐橙园安装 1 盏 20 瓦的黑光灯，灯距 200 米左右，灯的高度以高出树冠 80～100 厘米为宜。黑光灯应有专人管理，每天早、晚各捞捕害虫 1 次。在雨季和四级风以上的夜晚，害虫一般不外出活动，不必开灯。

8. 怎样使用频振式杀虫灯防治脐橙害虫?

(1)频振式杀虫灯灭虫原理　PS-15Ⅲ型(光太)频振式杀虫灯(以下简称频振灯),利用害虫具有的趋光、趋波、趋色与趋性信息的特性,将光的波段、波的频率设定在特定的范围内,近距离用光,远距离用波,加以害虫本身产生的信息,引诱害虫成虫扑灯。灯外配以频振式高压电网触杀,使害虫落入灯下的接虫袋内,达到杀灭害虫,减轻危害的目的。

(2)频振式杀虫灯使用方法　此杀虫灯在4月份安装在橘园,安装位置应高于脐橙树冠顶部1.3～1.5米,可采用棋盘式布点,一般每公顷安装1盏灯,灯距约80米。开灯时间为每天晚上10小时,由光控系统自动开关,每天清理1次接虫袋。雷雨天不开灯。4～6月份,频振灯能诱杀金龟子、天牛、卷叶蛾和椿象等害虫。9～11月份,能诱杀吸果夜蛾与袋蛾等害虫。

9. 怎样进行脐橙冬季清园?

(1)脐橙冬季清园的意义　脐橙冬季清园,是防治脐橙园病虫害的有效措施。因为冬季气温低,脐橙病虫活动能力弱,抵抗力低,而且冬季用药可使用较高浓度,是彻底消灭越冬病菌、害虫的有利时机,可以减少病虫害的越冬基数,创造一个不利于病菌、害虫发生的环境条件,有利于树势的恢复。

(2)脐橙冬季清园方法　①10～11月份,剪除脐橙树上受病虫侵害的枝、叶,摘除僵果和虫苞,扫除地上枯枝落叶,铲除园内和园边的杂草,将清除物集中烧毁或深埋,减少虫源和菌源。②采果后喷布松碱合剂10～12倍液,15～20天后,再补喷1次1～1.2波美度石硫合剂,消灭越冬病害虫。③刮除枝干病皮、病菌和附着的虫卵,堵塞天牛、爆皮虫与吉丁虫等害虫造成的洞孔。挖掘地下越冬虫蛹、卵,并撒施石灰消毒。④主干刷白。刷白剂可用1千克生石灰加 5 升水、0.5 千克石硫合剂、0.2 千克盐和 0.1 千克植物油混合配制。

10. 脐橙病虫害农业防治方法有哪些?

农业防治是根据农田环境与病虫害的关系,利用栽培管理技术措施,人为改变某些因子,控制和减轻病虫害的发生和危害。

(1)选用抗病虫品种　在建园时,要选用抗病虫的优良品种,提高脐橙树体抗病虫害的能力。

(2)合理施肥　合理施肥,增施有机肥,改良土壤结构,提高土壤肥力,改进脐橙树体的营养水平,培壮树势,增强树体抗性。

(3)科学修剪　疏除树冠内丛生枝、交叉枝、密生枝、衰弱枝、病虫枝等,改善树冠内的通风透光条件,造成不利于病虫害滋生繁殖的环境。同时,要抹芽控梢,掌握在病虫害发生低峰期放梢。

(4)冬季果园深翻　在冬季冻土前,深翻树盘,将在树盘土壤中越冬害虫的卵、幼虫和蛹等,翻于地面,让家禽和鸟类啄食,同时还可恶化害虫生存环境。

(5)冬季清园　冬季彻底清园,消除病虫害的根源,即在冬季脐橙休眠期,铲除杂草,清扫落叶,摘除僵果,剪除枯枝和病虫枝等,予以集中烧毁或深埋,减少翌年病虫害发生的基数。

(6)树干刷白　冬季,大多数的病菌孢子和害虫躲藏在粗皮、翘皮的裂缝里越冬,应及时刮除粗皮、翘皮集中烧毁。同时,对主干涂刷白剂进行保护。

(7)建立检疫制度　严格执行检疫制度,防止脐橙检疫性病虫害传入、传出和传播。

七、脐橙果实采收与采后处理技术

(一)关键技术

1. 怎样确定脐橙果实采收适期?

确定脐橙果实采收期,一是要考虑果实的色泽变化。果实成熟时,果皮中的叶绿素消失,类胡萝卜素和叶黄素等增加,出现本品种固有的色泽,同时果实品质也达到了理想的要求。当果树上有 2/3 果实达到所要求的成熟度即可确定为采收期。二是以果实的固酸比值作为成熟的标志。果实中可溶性固形物含量与酸的含量之比称为固酸比。随着果实的成熟,含糖量增加,含酸量降低。脐橙果实成熟时糖分增加快,降酸也快,固酸比以 11～13∶1 为宜。脐橙果实的采收适期,一般在 11 月中旬,但生产中要根据果实的用途进行综合考虑。

(1)产地鲜销的果实　果实应达到该品种固有的色泽、风味和香气,果实内含物质达到一定的指标。以肉质开始变软时采收为宜。

(2)远销外地的果实　运往外地鲜销的果实,应比产地鲜销的果实适当提前采收。出口外销的鲜果,应根据进口国家和地区的要求,确定采收期。

(3)贮藏用的果实　用于贮藏的果实,果实着色应达七成左右,油胞充实,肉质尚坚实而未变软。一般比鲜食用果提早 7～10 天,以八成熟时采收为宜。

(4)加工果汁、果酒、果冻用的果实　用于制作果汁、果酒、果冻的果实，应在充分成熟时采收。脐橙果汁率指标为48%～50%。

2. 脐橙果实采收后怎样进行防腐保鲜处理？

(1)洗果　脐橙果实采收后及时进行防腐处理，可以防止病菌侵染，减少在包装、运输过程中的腐烂损失。同时还可去除果面尘埃、煤烟等污染，使果品色泽鲜艳，商品价值高。方法是选用鲜绿保 600～1 000 倍液，或 50% 抑霉唑乳油 1 000～1 500 倍液，或 25%咪鲜胺乳油 500～1 000 倍液，或绿色南方专用保鲜剂 500 倍液，在药液中加 250 毫克/千克 2,4-D 溶液，配成防腐保鲜药液。在果实采摘后 24 小时内用配好的防腐保鲜药液浸泡 1～2 分钟，捞起晾干后，进行包果或打蜡或直接贮藏。

(2)保鲜处理　脐橙果实采摘后经预冷、挑选，即可用保鲜剂进行保鲜处理。保鲜剂种类很多，常见的有以下几种。

①虫胶涂料　经涂果打蜡的脐橙果实，能抑制水分蒸发保持新鲜，减少腐烂，改善外观，增强商品竞争力。目前主要使用虫胶涂料，是南京林产化工研究所生产的产品，由漂白虫胶加丙二醇、氨水和防腐剂制成，可与水任意混合。脐橙果实保鲜使用 2 号或 3 号涂料，其主要成分是虫胶涂料加 2,4-D，2 号虫胶涂料还加了甲基硫菌灵，3 号涂料加了多菌灵。贮藏脐橙果实用 1∶1～1.5 的比例。虫胶涂料应现配现用，一般 1 千克原液可涂果 1 500 千克左右。采用机器涂果，果品外表洁净光亮，腐烂率低，贮藏期长，而且高效、省工、省保鲜剂。涂果机有南京林产化工研究所研制的自动涂果机、北京冶金设备研究所与张家口煤矿机械厂联合研制的 BXJ-3t 型水果保鲜机及华中农业大学研制的XLF-1型脐橙洗果、打蜡、分级机。

(3)液态膜(SM)水果保鲜剂　重庆师范学院研制的液态膜保鲜剂，有 SM-2、SM-3、SM-6、SM-7 和 SM-8。其中 SM-6 用于脐橙

果实保鲜，防衰老。液态膜为乳白色溶液，对人体无害。使用时，将 SM 保鲜剂倒入盆（桶）内，先加少量 60℃热水充分搅拌，使之完全溶化，再加冷水稀释 10 倍，冷却至室温，将无病虫害伤的脐橙果实放入药液中浸泡并翻动，5～10 秒钟后捞出沥水，晾干后入库贮藏。

3. 影响脐橙果实贮藏的因素有哪些？

（1）采收成熟度　采收的成熟果实，其腐烂率及损耗率比未成熟的果实均较低，风味品质也较好。由此可见，采收成熟的脐橙果实有利于贮藏。

（2）机械损伤　脐橙果实在采收、分级、包装和运输过程中造成的机械损伤，轻者引发油斑病，影响果实商品外观；重者出现青、绿霉病，造成严重损失。因此，在操作过程中应尽量减少果实损伤，以延长果实贮藏期。

（3）贮藏期间的环境条件　贮藏期间的环境条件，直接影响到脐橙果实的贮藏。适宜的环境条件，有利于脐橙果实的贮藏。主要环境条件有温度、湿度和气体成分等。

①温度　在一定的温度范围内，温度越低，果实的呼吸强度越小，呼吸消耗越少，果实较耐贮藏。因此，在贮藏期间维持适当的低温，可延长贮藏期。但温度过低，易发生“水肿”病；温度过高，尤其是在 18℃～26℃条件下，有利于青霉病和绿霉病病菌的繁殖和传染。故贮藏期间的温度应控制在 6℃～10℃。

②湿度　贮藏环境的湿度，直接影响到脐橙果实的保鲜。湿度过小，果实水分蒸发快，失重大，保鲜度差，果皮皱缩，品质降低；湿度过大，果实青霉病、绿霉病发病严重。通常，脐橙果实贮藏环境的空气相对湿度控制在 90％～95％为好。

③气体成分　脐橙果实贮藏过程中，适当地降低氧气含量，增加二氧化碳含量，可有效地抑制果实的呼吸作用，延长贮藏期限。

空气中二氧化碳含量为0.03%,贮藏环境中二氧化碳浓度达10%以上时,脐橙果实易发生水肿或干疤等生理性病害,不利于贮藏。通常脐橙果实贮藏环境的二氧化碳浓度控制在3%～5%较为合适。

此外,贮藏环境的卫生状况也直接影响到脐橙果实的贮藏,贮藏库(室)经过彻底清扫,严格消毒,可减少脐橙果实的腐烂率。

4. 脐橙果实怎样进行包装与运输?

将分级的果实进行包纸和装箱的工序称为包装。果实包装,可美化商品,方便贮藏、运输和销售,防止机械损伤、病虫危害、水分蒸发而引起腐烂变质。同时,统一包装便于定价及计量。

(1)果实包装

①果实包纸　脐橙所用的贮藏保鲜包装袋为市售专用的无色透明高压聚氯乙烯薄膜袋。选用规格可视果实大小而定,一般用17厘米×13厘米(0.6丝)、19厘米×15厘米(0.6～1丝)两种型号即可。将果实装袋后旋紧袋口,交头处应在脐部或蒂部。包装时若发现病果、伤果一律剔除;果面有水的要抹干再包。另外,根据当地购销情况,果实包装最好借助分级板进行分级处理,大小分级规格以横径每差5毫米为一组距,以便销售时按大小质量论价,做到经营标准化。

②果实装箱　果实包装后按分级组别(规格)分别装箱堆码或散堆于库内,散堆高度以37～45厘米为宜,装箱(纸箱或竹筐)的可以堆5～6层。若无专用仓库,可选用通气性好的未装过农药化肥的平房即可。脐橙使用薄膜袋包装,果实损耗小,品味保存性能优,成本低,且能避免腐果相互感染。

果实分级后,用纸包果可减少果实水分蒸发,减少失重,避免果实病害传染。包果纸要求质地薄、柔软且具韧性和透气性,吸湿力弱。包果纸大小规格,通常脐橙果径为75～80毫米的,包果纸

大小为(长×宽)21 厘米×21 厘米。包纸时，一张纸包一个果，接头应在果脐或果蒂处。装箱时最下一层果蒂一律向上，最上一层果蒂一律向下。包装箱多数采用纸箱，每箱装果 15 千克。也可用木箱和竹筐，但应注意在箱底箱内衬垫物，防止擦伤果实。

(2)果实运输　依据我国农业行业标准 NY/5014—2001 的规定，柑橘果实运输应符合下列要求：运输工具及装运箱(舱)，应清洁、干燥、无异味。长途运输，宜采用冷藏运输工具，最适温度为 3℃～5℃。脐橙果实运输，应做到快装、快运、快卸，严禁日晒雨淋，装卸、搬运时要轻拿轻放，严禁乱丢乱掷。

5. 脐橙果实怎样进行简易贮藏？

脐橙贮藏保鲜的适宜条件：温度 6℃～8℃、空气相对湿度 85%～90%，要求库内保持清新的空气。在简易的贮藏条件下，很难达到脐橙对贮藏环境条件的基本要求。因此，脐橙果实采摘后就地简易贮藏，应把好采摘关，并对果实进行防腐保鲜处理，方可达到较好的效果。

(1)贮藏场所的选择

①普通库贮藏　利用民房、旧仓库或其他闲置场所贮藏脐橙。普通仓库应选择坐北朝南、易通风换气且无太阳西晒、直射的有门窗的房屋。库房使用前要打扫干净，然后每立方米用硫磺粉 10 克熏蒸，或用 40%甲醛 20～40 倍液喷洒，闭门闭窗 48 小时消毒，开门窗通风 3～5 天后果实入库贮藏。多采用装筐、装箱或堆垛贮藏。用箱(筐)装果，果实按品字形整齐码成堆，最高不超过 7 层，高度应离屋顶有 1 米。每堆间应有 1.5 米的通道；地面堆藏每堆堆放不宜过大，通常每堆不超过 500 千克，堆贮方法有以下几种：一是松针堆藏。果实采收后，先放在阴凉通风处预贮 2～3 天，剔除伤果、病虫果。晴天采回松针，将新鲜松针晾干，切勿有水。在地面先垫一层松针，再码放果实，这样一层松针一层果实堆放，每

堆果实500千克左右，高不超过7层，最上面再覆盖一层松针，每层松针2～3厘米厚。这种方法有利于果实正常呼吸，保持果实品质。二是河沙堆藏。将干净河沙用防腐药剂消毒，晒干后与松针堆藏法一样，一层沙一层果码堆，效果同松针一样，只是果实出库时沙粒要费工除去。三是室内砖池贮藏。在干燥的室内砌砖池或用木板围成100厘米×80厘米的长方形。用时先消毒，并在底部垫晒干和消毒过的稻草，然后在里面码堆果实。果实按宝塔形向上码堆，周围留有足够的空间。平时可覆盖塑料薄膜或草苫，不必盖严。

②塑料薄膜帐篷贮藏　在通风、干燥的地方用无臭的有色塑料做成长方形的帐篷，里面堆放果实，果实装箱或裸堆。要求地面用干燥、经消毒的稻草或松针、河沙铺垫，每堆果实500千克左右。

(2)贮藏期管理

①普通库贮藏　果实入库初期，库内温度高、湿度大，应全天开门窗通风换气，降温降湿，气温低的天气，白天开窗增温，晚上关窗保温。为减少果实水分蒸发，贮藏中后期，果箱内盖一层塑料薄膜，当果皮上或薄膜上出现水珠时揭膜干后再盖。果实入库后每隔10～15天检查1次，挑出伤果、烂果、病果。立春后，5～10天选果1次。

②塑料薄膜帐篷贮藏　用塑料薄膜帐篷贮藏脐橙果实，应注意经常查看，当帐壁上凝集水珠时打开帐篷通风透气，避免脐橙变质和腐烂。每10～15天检查选果1次，挑出伤果、烂果、病果。

6. 怎样利用自然通风贮藏库贮藏脐橙果实？

(1)自然通风贮藏库建造　自然通风贮藏库的贮藏原理是在良好的隔热条件下，利用库顶、库底温度的差异和昼夜温度的变化，通过开关通风窗，用自然换气的方式，调节库内的温度、湿度，使其保持比较稳定的贮藏环境。

①库房选址　自然通风贮藏库应选择交通方便、地势高燥、地下水位低、四周开阔、空旷、没有空气污染的场所，库房坐北朝南为好。如在山坡建库，应选北坡，东、南、西正面应有树木遮阴。

②库房设计和隔热材料选择　就地选择当地易得的而又具良好隔热性能的材料，有利于减少建库投资和库内温度波动，如用石块、土砖砌墙或用土筑墙。火砖砌墙必须是双层，中间填 20 厘米的锯屑、谷糠、煤渣等隔热材料。一般库房高 3.5～4 米、宽 7～10 米、长 30～40 米，从北面每隔 2 米挖 1 条 40 厘米深和宽的进风槽，贯穿于库内离南墙 1 米处，地槽上盖有通风栅栏水泥板。库顶的天花板上铺隔热材料，每隔 3～4 米开 1 个高出库顶 60 厘米的排气窗，每个窗口均装双层窗加强隔热，中间还应安置一层粗铁丝网以防鼠、鸟入库危害。

③贮藏方法　果箱贮藏，可利用通风的竹篓、木箱或塑料箱，把果实的果蒂向上装箱，呈品字形或井字形堆码，堆码高 8～10 箱（每箱装果 15～25 千克）。堆码时，箱与箱之间留 10 厘米的空隙，堆底用木架垫起，离地面 10～15 厘米，以便堆内空气流通，温度均匀。堆与堆之间要留 0.8～1 米的走道，以便通风和检查果品贮藏情况。

(2)贮藏期间的管理　由于通风库是借自然通风来调节库内的温度、湿度，通常没有控制温度、湿度的专门设备，库温随着外界气温的变化而变化，尤其是开春以后，外界气温回升，库温也随之升高。因此，尽可能地保持低而稳定的库温，是自然通风库管理的一个重要方面。通常通风库的管理分为 3 个阶段。

①入库初期　果实入库 2～3 周内，即 11 月下旬至 12 月上旬，由于新鲜果实含水分高，并带入大量田间热量，在预贮不充分的情况下入库，库内处于高温高湿。因此，必须日夜打开通风窗通风，降温降湿。晴天中午气温高时，宜白天关窗夜间开窗，用夜间冷空气降温。

②贮藏中期　头年12月份至翌年2月份，这段时期温度逐渐降低，库温波动不大，应根据库内外温湿度的变化情况和果实的表现进行适量的通风换气。如库内湿度大、腐果较多，可适当加强通风换气。反之，若湿度偏低，果实表现萎蔫，则应减少通风。

③贮藏后期　3～5月份，此期外界温度逐渐回升，但时有寒潮袭击，气温时冷时热，变化大，库温也随之变化，加上果实开始衰老，腐果增加，管理上除拣腐果外，白天应密闭所有的通风窗隔热，夜间(尤其是清晨)应敞开全部通风窗降温。此外，还可在库房地面铺设河沙，在房顶安装泉水喷施装置，库内设置水渠，在气温升高时引山泉水到库房房顶进行喷施，并将库内水渠注满水，进行温度和湿度的调控，使库内温度控制在5℃～8℃、空气相对湿度保持在85%～90%

(二)疑难问题

1. 怎样提高脐橙果实采收质量?

脐橙果实贮藏质量的好坏很大程度上取决于采摘质量。脐橙果实在贮藏期间腐烂往往是通过伤口感染致腐病原菌。因此，把好采摘质量关，尽量减少果实受伤，是果实贮藏成败的关键。

(1)采前准备　采果前准备好手套、果剪、采果袋、装果筐、采果梯(图7-1)及运输工具等。同时，正确估计当年产量，清理仓库，制定采果计划，合理安排采果工，并对采果工进行必要的采果技术培训，采果人员必须剪平指甲，严禁饮酒。

①采果剪　采果时，为了防止刺伤果实，减少果皮的机械损伤，应使用采果剪。采用剪口部分弯曲的对口式采果剪，果剪刀口要锋利、合缝、不错口，以保证剪口平整光滑。作业时，齐果蒂剪取。

②采果篓或袋　采果篓一般用竹篾或荆条编制，通常有圆形和长方形等形状，也有用布做的袋子。采果篓不宜过大，为了便于采果人员随身携带，容量以装5～10千克为好。采果篓里面应光滑，不至于伤害果皮，必要时篓内应衬垫棕片或较厚的塑料薄膜。采果篓为随身携带的容器，要求做到轻便、坚固。

图 7-1　采果工具

1. 采果剪　2. 采果篓　3. 双面采果梯　4. 装果筐

③装果箱　有用木条制成的木箱，也有用竹编的箩或筐，还有用塑料制成的筐。这种容器，要求里面光滑和干净，最好有衬垫，如用纸做衬垫，以免伤害果皮。

④采果梯　采用双面采果梯，使用起来较方便，既可调节高度，又不会因紧靠树干损伤枝叶和果实。

(2)采收时间　采后作贮藏用的脐橙果实，在80%果面着色，果实未变软时采摘最佳。采摘过早，色、香、味均差；采收过迟则风味变淡，不耐贮藏。采前15天不宜追施化肥和大量灌水，大雨过

后3～4天内也不宜采收。风、霜、雾天气和果面露水未干时，不要采果，以免果实附有水珠引起腐烂。果实采收前10天，果园全面喷施1次50%多菌灵可湿性粉剂1 000倍液，或50%甲基硫菌灵可湿性粉剂1 000倍液。采摘应在晴天进行。

(3)采收方法 无伤采果是减少果实贮藏期病害的关键，采果时应遵循由下而上，由外到内的原则，即先从树的最低和最外围的果实开始，逐渐向上和向内采摘。采果时，一手托果，一手持采果剪，通常采用"一果两剪"法，即第一剪带果梗剪下果实，第二剪齐果蒂剪平。采果时不可拉枝、拉果，尤其是远离身边的果实不可强行拉至身边，以免折断枝条或拉松果蒂。

(4)采收要求 为了保证采收质量，要严格执行操作规程，认真做到轻采、轻放、轻装、轻卸。采下的果实应轻轻倒入有衬垫的篓(筐)内，不要乱摔乱丢，果篓和果筐不要盛果太满，以免滚落或压伤。倒篓、转筐都要轻拿轻放，田间尽量减少倒动，防止造成碰、摔伤。对伤果、落地果、病虫果及等外果，应分别放置，不要与好果混放，果实采后不能露天堆放过夜。采果时采果人员不能喝酒，并要剪平指甲、穿软底鞋。

2. 脐橙果实为什么要进行"发汗"？

刚采下的脐橙果实，果皮鲜脆容易受伤，水分含量高，并带有大量的田间热，不经过预贮，易造成贮藏库内或箱内温度过高、包果纸异常潮湿，而发生严重的腐烂，造成重大损失。通常将采下的脐橙果实用药剂处理后，应放在阴凉通风的场所进行为期5～7天的"发汗"。脐橙果实"发汗"有利于田间热散失，可起到降温和预冷的作用，从而减弱和抑制果实的呼吸强度，减少果肉水分和果汁成分的损耗，增强果皮的抗病能力，使轻微伤果的伤口得到愈合，不至于使贮藏库的温度骤增，影响果实的贮藏性，以减少腐烂。具体做法是：将透气的果筐按风向堆放整齐，留出通风道，使果实吹

风、发汗均匀。但应注意避免潮湿阴雨天气通风；在高温天气应减少白天通风，增加夜间通风时间；在干燥天气应控制通风和通风时间。理想的预贮温度为7℃，空气相对湿度为75％，经5～7天后，用手轻捏果实，有弹性感觉，果面无水珠且果皮稍变软即可。发汗后的果实应马上包装，用0.01毫米厚聚乙烯薄膜袋或白色果纸进行单果包装，套袋包装后用透气的果筐装好进入贮藏库贮藏，以减少果实失重、失水、果皮干枯和青霉病、绿霉病传染。乙烯薄膜袋或包果纸应质地细致柔软、无污染。

3. 怎样进行脐橙果实留树贮藏？

留树贮藏脐橙果实，只要加强留树期间的管理，不会影响翌年产量。留树果实色泽和可溶性固形物含量增加，风味变浓，品质提高。但果皮有变粗、增厚的趋势，而且采后贮藏期短，通常为1～2个月，应及时销售。脐橙果实留树贮藏应隔年进行，冬季气温低的地方不宜采用此法贮藏。

（1）立地条件选择　冻害是脐橙果实留树保鲜的最大障碍，各地应充分利用丘陵山地小气候优势，选择地势相对较高的无霜冻或轻霜冻地段的脐橙果园实施果实留树贮藏保鲜；避免在冷空气易进难出、霜冻易发的低洼地实施果实留树贮藏保鲜。

（2）品种选择　脐橙果实留树贮藏，以晚熟品种为好，中熟品种次之，早熟品种最差。在果形方面，以球形果为好，长形果次之。

（3）树势选择　实施脐橙果实留树保鲜，要求在树势强健无病虫危害或病虫危害轻微的植株上进行；挂果量大的果树应适量疏果。树龄应在6年以上。

（4）防腐保鲜处理　脐橙成熟过程无明显的呼吸高峰，成熟期较长。在果实衰老（成熟）过程中，人为使用植物生长调节剂，结合适当防腐保鲜措施，可实现延缓果实衰老过程，达到留树保鲜推迟采摘的目的。留树贮藏脐橙果实，在由深绿色变为浅绿色时（10

月上旬)，即果实着色初期，对树冠叶面喷施 1 次 20 毫克/升 2,4-D+10 毫克/升赤霉素+0.2%磷酸二氢钾混合液，间隔 1 个月再次喷施 20 毫克/升 2,4-D+0.2%磷酸二氢钾混合液，可有效延缓果实着色，防止留树期间果实脱落，稳果率达 90%以上，可使果实推迟至翌年 2～3 月份采收。

(5)加强田间管理　果实留树贮藏的树，每株应施腐熟人粪尿(或畜粪)50 千克、草木灰 5 千克、过磷酸钙和硫酸钾各 250 克，并结合进行灌水。加强炭疽病、蒂腐病、吸果夜蛾、鼠害等病虫害防治，以提高脐橙果实留树保鲜效果。早施采果肥，增强树势，10 月上旬前采用水肥浇施，重施有机肥。在施采果肥基础上，视植株挂果量每株增施钾肥 0.5～1 千克。同时，加强冬季抗旱防冻，及时了解气候变化，轻霜冻来临前进行植株覆盖、果实套袋及园内熏烟等综合保温防霜措施。－4℃以下低温灾害天气来临前及时采摘避免损失。

(6)适时应市采收　脐橙挂树贮藏果实在春季气温回升后会出现油胞变大、色泽转淡等返青现象。因此，挂树果实必须在 2 月中下旬，最迟在 3 月上旬前，根据市场行情、气候变化，尽早采摘上市，获取最佳效益。

4. 脐橙果实贮藏宜选择哪些防腐保鲜剂?

脐橙果实贮藏常用的防腐保鲜剂有：①25%抑霉唑。美国戴科公司产品，使用浓度为 200～250 毫克/升。②75%抑霉唑。比利时詹星药剂公司产品，使用浓度为 200～300 毫克/升。③50%万利得。美国 FMC 公司产品，使用浓度为 200～300 毫克/升。④ 45%咪鲜胺。以色列麦克西姆公司产品，使用浓度为 200～300 毫克/升。⑤噻菌灵。美国默沙东药厂、广东江门农药厂产品，使用浓度为 500～1 000 毫克/升。⑥苯菌灵。美国佛罗里达柑橘研究中心推荐产品，使用浓度为 250～500 毫克/升。⑦绿色

南方保鲜剂(柑橘专用型)。广东珠海绿色南方保鲜总公司产品，使用浓度为 500～600 倍液。⑧硫菌灵。日本曹达公司产品，使用浓度为 1 000 毫克/升。⑨多菌灵。上海吴淞化工厂产品，使用浓度为 1 000 倍液。⑩多抗霉素。四川大邑县棉屏中学生物药厂产品，使用浓度为 1 000 倍液。⑪橘腐净。河北农业大学产品，使用浓度为 100 倍液。⑫仲丁胺。河北张家口宣化农药厂产品，使用浓度为 100 倍液。

以上药剂另加 2,4-D 250 毫克/千克配制成防腐保鲜药液，效果更好，既可防腐又能保持青蒂。

八、脐橙防灾抗灾技术

(一)关键技术

1. 脐橙发生冻害的原因及预防措施有哪些?

(1)发生原因　脐橙遭受冻害时,细胞结冰是造成伤害的主要原因。细胞结冰有两种形式,即胞间结冰和胞内结冰。气温缓慢下降至0℃以下时,细胞间隙内的水分开始结冻。细胞间隙结冰,引起细胞间隙的蒸汽压下降,促使胞内水分外渗,渗透到细胞间隙中的水分向冰晶凝集,使冰晶体积越来越大。胞间结冰一方面使细胞原生质过度失水,原生质凝聚变性;同时,胞间冰晶体积增大,挤压原生质,使原生质受到机械损伤。当温度骤然回升时,冰晶迅速融化,细胞壁恢复原状,而原生质胶体来不及吸水膨胀而被拉扯撕裂。胞间结冰并不一定引起细胞死亡,当冰晶体积不大,而气温回升缓慢时,脐橙可恢复生机;如果温度迅速下降,不只引起细胞间隙结冰,细胞内的水分也会结冰,原生质和液泡内都出现冰晶,称胞内结冰。胞内结冰对原生质的伤害主要是机械损伤。原生质具有高度精细的结构,胞内结冰引起细胞的膜系统、细胞器和衬质的微结构破坏,细胞内原有的区域化结构消失,代谢失常,对细胞造成致命损伤,引起脐橙树体受害。

(2)预防措施

①选择砧木　选择适合当地栽培的抗寒砧木,增强树体的抗寒能力。脐橙嫁接通常选择枳壳作砧木,枳耐寒性极强,能耐受

－20℃低温。

②科学施肥增强树体的抗寒能力　果实采收后及时施采果肥，以速效性氮肥为主，配合磷、钾肥。以补偿由于大量结果而引起的营养物质亏空，尤其是消耗养分较多的衰弱树，利于恢复树势，增加树体养分积累，增强树体的抗寒力。同时，对防止落叶，促进花芽分化，提高翌年的产量极为重要。

③合理修剪　脐橙幼龄树以秋梢作为主要结果母枝，成年树以春梢作为主要结果母枝。因此，在夏剪前重施壮果促梢肥，适当控制氮肥的用量，增加磷、钾肥的比例。剪后连续抹芽 2～3 次（每 3～4 天抹 1 次），7 月底至 8 月初统一放秋梢，避免秋梢生长过旺，培养大量长势中庸，枝条发育充实、健壮优质的秋梢结果母枝，防止晚秋梢的发生，是提高脐橙树体防寒越冬性的积极有效的措施。同时，也是脐橙结果园丰产稳产，减少或克服大小年结果的关键措施之一。

④植物生长调节剂的应用　对于幼龄树和生长旺盛的成年树，可喷施植物生长调节剂，如矮壮素、多效唑等，可延缓新梢生长，有利枝梢老熟，树体健壮，尤其是可抑制晚秋梢的抽生，提高细胞液的浓度，对于增强树势，提高树体抗寒性具有重要的意义。在脐橙新梢旺盛生长期，用 50％矮壮素水剂 500 毫升，加水 500 升喷雾，每隔 15 天喷 1 次，连续喷 3 次，可有效抑制新梢生长，使新梢加粗，节间变短，叶片加厚，叶色浓绿，新梢提早成熟，增强树体抗寒力，促进花芽分化。

⑤培土与覆盖　生产中栽培的脐橙基本上是采用嫁接繁殖苗木，嫁接口距离地面 10～20 厘米，较贴近地面，夜温较低时最易受到冻害。可在美国纽荷尔脐橙越冬前，通常在 11 月中下旬，用疏松的土壤培植于根颈部使之提高 20～30 厘米，并覆盖一层稻草。培土后根颈部的温度可提高 3℃～7℃，昼夜温差减小，具有良好的防冻效果。但培土不足时防冻效果较差。

⑥灌水　由于土壤的墒值低于水的墒值，使得土壤在低温时温度降低比水更快，所以在冻害来临前的7～10天对脐橙园全园灌足1次水。缺水的地区，可采取树盘灌水。灌水后铺上稻草或撒上一层薄薄的细土，以保持土壤的墒值，减轻根系的伤害程度。

⑦搭棚与覆盖　对于脐橙幼年树，尤其是1～2年生的小树，可在果园内围着幼龄树搭三角棚，南面开口，其他方位用稻草封严，防寒效果良好。也可直接在幼树树冠上面覆盖稻草、草苫、塑料薄膜等，有的可直接在树盘上覆盖稻草、谷壳等物，均能起到防冻效果。

⑧保叶与防冻　在脐橙采果前后，树冠喷施1次1%淀粉加50毫克/千克2,4-D溶液，可有效地抑制叶片的蒸腾作用，并具有一定的保温效果，保护叶片安全越冬。大雪过后，及时摇落树体积雪，可减轻叶片受冻；否则，积雪结冰后，对叶片伤害更大。

⑨果园熏烟　选择晴朗无风、气温－5℃左右的夜间，在果园安排多点烟堆，于发生重霜冻前数小时点燃烟堆，可直接提高果园近地面空间的温度，通常可升温1℃～3℃，对预防霜冻有良好效果。

2. 脐橙冻害的症状表现及等级标准是什么？

(1)症状表现

①叶片症状　脐橙冻害发生时，首先表现在叶片上，受冻之初，叶片卷曲、萎缩，并逐渐干枯脱落。

②枝干症状　冻害继续发展时，1年生枝梢干枯，并逐渐向下蔓延，进而到主枝和主干。受冻后遇气温骤然回升，尤其是太阳强烈时，则树皮收缩，在枝干木质部与树皮收缩不一致时，易导致幼龄树、衰老树及旺长树的根颈部、树干和树杈部的树皮开裂，加剧冻害。

③果实症状　霜冻期间，挂在树上的果实受冻后，果皮先呈水

渍状发泡水肿，然后果皮皱缩，轻度冻害的果实，果皮色泽暗淡无光，果肉味带苦涩；重度冻害的果实，干缩开裂。

（2）冻害等级标准　根据冻害后脐橙树体的外部表现和对当年树势、产量的影响，进行冻害评级，判断脐橙受冻害的程度。通常一级、二级为轻度冻害，三级为中度冻害，四级、五级为严重冻害。具体划分标准如下。

①0级　对树势和产量无影响。叶片基本正常，落叶少。晚秋梢有冻伤，其余均正常。大枝完整无伤，主干完整无伤。

②一级　对树势和产量有影响。25%～50%的叶片因冻而枯黄脱落。除晚秋梢外，1年生枝基本无伤。大枝完整无伤，主干完整无伤。

③二级　对树势和产量有影响，造成25%～50%减产。有50%～75%的叶片因冻而枯黄脱落。1年生枝少数冻伤，大枝完整无伤，主干完整无伤。

④三级　对树势和产量伤害严重，当年减产60%～90%。有75%以上叶片枯黄脱落或僵缩。除秋梢受冻外，1年生枝多数冻伤，大枝部分冻伤，主干无伤或微伤。

⑤四级　对树伤害严重，整株有死的可能，当年无产量。叶片全部死亡、脱落。1年生枝全部死亡，大枝大部分或全部死亡，主干受冻严重或死亡。

⑥五级　全株死亡。

3. 脐橙干旱造成伤害的原因及干旱的表现形式是什么？

（1）干旱伤害原因　脐橙干旱造成伤害的原因主要在于脐橙树体干旱缺水时，细胞壁与原生质同时收缩，由于细胞壁弹性有限，收缩的程度比原生质小，在细胞壁停止收缩时，原生质仍继续收缩，导致原生质被撕裂。吸水时，由于细胞壁吸水膨胀速度大于原生质，两者不协调的膨胀，又可将紧贴在细胞壁上的原生质扯破。这种缺水和吸水造成的原生质损伤，均可导致细胞死亡，造成脐橙树体伤害。

（2）干旱表现形式　脐橙园发生干旱造成树体伤害，主要是由土壤干旱、大气干旱和生理干旱的分别影响，以及由这3种干旱因素的综合影响而造成。

①土壤干旱　在干旱地区或干旱季节，较长时间内无雨或少雨，又不能灌溉的情况下，脐橙园土壤中的有效水分几乎消耗殆尽，无法对植株进行正常的水分供应，造成树体干旱缺水，导致旱害。

②大气干旱　在干旱季节，空气干燥加上高温，并伴有一定的风力时，空气湿度小，因而引起脐橙植株水分平衡失调，造成缺水，致使叶、梢因失水而出现卷曲枯萎现象。

③生理干旱　也称冷旱或涝旱。土壤虽然不缺水，但由于低温或水涝造成水分平衡失调。通常因土壤温度低，根系活动微弱，使根系吸不到水分，植物体内发生水分亏缺。或因水涝，土壤中氧气严重不足，致使根系大量死亡，使脐橙树体的蒸腾耗水得不到补充造成生理干旱。

4. 怎样判断脐橙园干旱情况？

（1）表象判断　从树冠与土壤的表象判断干旱情况，具体方法如下：①观察叶片。叶片中午卷缩，早、晚平展；开始发黄，后期甚至出现少数落叶现象。②查看树基。树盘土壤已十分干燥，而且开始发生细小裂缝。③检查树盘滴水线下耕作层土壤，手握土壤不能形成土团。④检测果径。用螺旋测微器测定果径，并观察果实光泽和颜色的变化，判断果实是否已经停止生长。

（2）科学测定　通过科学测定，判断干旱情况，具体方法如下：①用塑料薄膜袋套树，收集蒸腾水量。正常情况下叶片的蒸腾量

和根系的吸水量应大体一致。用塑料薄膜袋套住干旱脐橙树一定数量的叶片，收集蒸腾水量。再用同样方法收集正常脐橙树的蒸腾水量，然后进行比较。如果干旱脐橙树蒸腾量下降 50%，则表明需要灌水。②测定土壤吸水力。土壤湿度计(即张力计)是测定土壤吸水力的仪器，测量土壤吸水力为 15 巴左右时，表明需要灌水(因为植物凋萎时的土壤吸水力为 15 巴)。③测定土壤含水量。如黏质土壤(红壤土等)含水量大于 45%，需要排水；小于 25%，需要灌水。壤质土壤(冲积土、紫色土等)含水量大于 42%，需要排水；小于 15%，需要灌水。沙质土壤(沿河洲地、冲积土等)含水量大于 40%，需要排水；小于 5%，需要灌水。

5. 怎样利用抗旱剂防止脐橙园干旱？

抗旱剂种类较多，一般分为两种类型。一种类型是高分子液态物质，将其喷布果树树冠，在枝叶上形成一层薄膜，可防止水分蒸发。另一种类型是高吸水树脂，将其与根系土壤混施树盘沟中，遇水吸收膨胀，保存水分，土壤缺水时干缩释水，有利于根系生长。抗旱剂具体使用方法如下。

(1)树冠喷布抗旱剂　①FA"绿野"，又称抗旱剂 1 号，喷布浓度为 0.5%～1.5%。②抑蒸保湿剂，喷布浓度为 1%～2%，有效期为 20 天。③高膜脂，也是一种抑蒸保湿剂，喷布浓度为 200 倍液，有效期为 15～20 天。④"旱地龙"液剂，喷布浓度为 400～500 倍液。

(2)根际施入抗旱剂　①"科翰 98"高吸水树脂，又称高效抗旱保水剂。幼龄树每株施 20～30 克，成年树每株施 30～50 克。在树冠滴水线下开挖 30 厘米深的环形沟，施入抗旱剂，并浇足水，然后覆土将沟填平。②吸湿剂，具有优良保水性能，吸附水分性能可超过自重的 1 000 倍。幼龄树每株施 20～30 克，成年树每株施 40～50 克。③北京汉力葆，对水稀释成 200 倍液，施入沟内，再进

行覆土。④树脂保水剂，每株施 50～100 克，施后与土壤拌匀并覆土和覆草。

6. 防止脐橙园干旱的措施有哪些？

(1)选择抗旱性强的砧木品种　选择适合当地栽培，根系发达，耐瘠薄，抗旱性强的砧木品种嫁接，提高脐橙树的抗旱能力。脐橙嫁接通常选择枳作砧木。

(2)深翻改土　结合幼龄脐橙园深翻扩穴及成年脐橙园施春肥、壮果攻秋梢肥时进行深翻改土。方法是在原定植穴外侧树冠滴水线下挖深、宽各 50～60 厘米、长 1.2 米以上的条沟，要求不留隔墙，并以见根见肥为度。株施粗有机肥 15～20 千克、饼肥 3～6 千克、磷肥 1 千克、钾肥 1 千克、石灰 1 千克，与表土拌匀后分层施入。要求粗肥在下，精肥在上，土肥拌匀，施肥后覆土应高出地面 15～20 厘米。通过深翻果园土壤，增施草料、腐熟农家肥、生物有机肥等，增加土壤有机质，可提高土壤肥力；通过改良土壤结构，可提高土壤蓄水性能，培养发达的根系群，增强脐橙树体耐旱抗旱、抗逆能力。

(3)寻水探源，解决灌溉水源　新建脐橙园时，通过深挖井水，山塘蓄水，寻找河水等途径，广辟水源。通过引水到山顶水池，伏秋干旱来临时引水灌溉，对树盘土壤进行灌水，达到降温、保湿、防旱的目的。

(4)科学施肥，增强树体的抗旱能力　在施壮果攻秋梢肥时，适当控制氮肥的用量，增加磷、钾肥的比例，可促使蛋白质的合成，既有利于秋梢老熟，又可防止晚秋梢的发生。同时，可增加同化产物的积累，提高细胞液的浓度，增强脐橙树体的抗旱能力。

(5)生草栽培　春夏季(3～5 月份)在果园内行间播种百喜草、藿香蓟、大豆、印度豇豆等绿肥，进行生草栽培，切忌中耕除草，培养果园内自然良性杂草。改传统除草为生草栽培，割草覆盖。

当杂草长至50～60厘米高时，可人工刈割铺于地面或树盘，每年可刈割1～2次，树盘盖草厚10～15厘米。结合深翻改土，将覆盖草料埋入深层土壤，翌年重新刈割杂草覆盖地面或树盘。通过园地生草造就果园小气候，稳定园内墒情，保持土壤水分，降低土壤地表温度，起到降温、保湿、防旱的作用，达到“以园养园”的目的。

(6)树盘覆盖　高温干旱季节，用园内自然良性杂草、播种绿肥、塑料薄膜及作物秸秆(稻草、玉米秸等)覆盖树盘土壤，减少土壤水分蒸发，降低土壤地表温度，达到降温保湿的目的。覆盖一般在施完壮果攻秋梢肥后、伏秋干旱来临前，即6月底至7月下旬进行，覆盖厚度为15厘米左右，覆盖后适当压些泥土。注意覆盖物应离根颈10～15厘米远，以免覆盖物发热灼伤根颈。夏季土壤覆草后，地面水分蒸发量可减少60%左右，土壤相对湿度提高3%～4%，地面温度降低6℃～15℃。未封行的幼龄脐橙园采用树盘覆盖，节水抗旱效果显著。

(7)叶面喷施抗旱、生长营养剂　在干旱发生初期，叶面喷施抗旱、生长营养剂——旱地龙500倍液，隔7～10天喷1次，连喷3～5次。喷施后可使叶片组织毛孔空隙缩小，抑制蒸腾作用，减少叶片水分蒸发量，提高树体抗旱能力。

(8)土壤增施抗旱保水剂　结合施春肥及壮果攻秋梢肥，在树冠滴水线下开沟撒施高效抗旱保水剂——“科瀚98”吸水树脂。幼龄脐橙园20～30克/株，成年脐橙园40～50克/株，每3年施1次，与土壤拌匀后盖土，土壤干燥时，应灌足水进行保墒。吸水树脂能有效地吸收、保持土壤水分，调节土壤供水性能，延长土壤供水期。在沙性土壤果园增施吸水树脂，节水抗旱效果明显。

(9)土壤灌水　当高温干旱持续10天以上时，应利用现有水利资源，对树盘土壤进行灌溉，达到降温保湿的目的。灌水时间为上午10时以前及下午4时以后。为防止脐橙裂果，第一次灌水时切忌一次性灌透灌足水，尤其是长期干旱的果园，应采取分批次递

增法灌水，即灌水量逐次增加，分 2～3 次灌透水。有条件的果园隔 7～10 天灌足水 1 次，直至度过高温干旱期。实践证明，土壤灌水后再进行树盘覆盖，节水抗旱效果更佳。

7. 脐橙涝害的原因及防止措施是什么？

(1)涝害发生原因　涝害主要是使脐橙生长在缺氧的环境中，抑制有氧呼吸，促进无氧呼吸，使有机物的合成受抑制。涝害还会引起脐橙营养失调，这是由于土壤缺氧降低了根对水分和矿质离子的主动吸收。同时，缺氧还会降低土壤氧化还原电势，使土壤累积一些对脐橙根系有毒害的还原性物质，使根部中毒变黑，进一步减弱根系的吸收功能。此外，淹水还抑制有益微生物（如硝化细菌、氨化细菌）的活动，促使嫌气性细菌（如反硝化细菌和丁酸细菌）的活动，提高了土壤酸度，不利于根部生长和吸收矿质营养。涝害还会使细胞分裂素和赤霉素的合成受阻，乙烯释放增多，以至加速叶片衰老。

(2)防止涝害措施　对易遭受水淹的脐橙园，尤其是低洼地及地下水位高的园地，必须采取有效的防涝措施，避免脐橙园受水淹，减轻因积水对脐橙造成的伤害。

①正确选择园地　常发生涝害的地方，应针对涝害发生的原因，选择最大洪水水位之上的区域建立脐橙园。地下水位较高的区域，则应采用深沟高墩式栽培，避免或减轻涝害。

②建设排灌系统　防御脐橙园涝害，应在建园时规划建设脐橙园的排灌系统。对易受涝害的脐橙园，要开挖畦沟、腰沟和围沟，使三沟配套，围沟与脐橙园外主渠道相连，做到雨停园干。

③及时排除积水　立春以后，在下大雨或连续降雨时，要经常检查并及时疏通沟道，尽快排除积水。对平地脐橙园应设法降低地下水位。

④在易涝洼地实行深沟高畦栽培　沟内地下水位不要超过 1

米。采取宽窄行适当密植，宽行行距 5 米，窄行行距 4 米，株距均为 3 米。在宽行挖深沟，用于排水；在窄行挖浅沟，用于灌水。栽植时，将脐橙苗主根剪短，或使主根呈“N”或“V”形栽植，或在主根下垫砖块、瓦片，将主根弯曲，抑制垂直根生长。

⑤抬高定植过低的树体　对定植过低的脐橙树，应抬高树体，可在下面填塞土壤，或重新抬树移栽，使嫁接口露出地面。

(二)疑难问题

1. 怎样给脐橙幼龄树搭棚越冬?

(1)冬季幼树搭棚的作用　冬季给脐橙树冠搭棚，可以降低风速 80%，能减轻脐橙树受冻的程度，而且可以使树冠内形成一个温度稳定的良好小气候，并避免积雪压劈枝条。同时，树冠覆盖物还可起到隔热保温的作用，尤其是在辐射降温时，树冠内辐射失热减小，能有效地防止霜冻。

(2)冬季幼树搭棚的方法　一般在冬至前，即 12 月上中旬进行搭棚，主要是为新植幼龄脐橙树搭棚防寒防冻。一般 1～3 年生的脐橙树，在对树干进行刷白、包薄膜、包稻草和培土后，搭设三角棚。方法是:先在树冠周围插上 3 根小竹竿，将上端扎紧，形成三角形，然后在东、西、北三面外侧围 1～2 层稻草。南面不围草，以利通风透光。搭棚后一般可提高温度 3℃～5℃，有较好的防寒效果。翌年 2 月下旬至 3 月上旬，春季气温转暖后，应及时去草和拆棚。

2. 脐橙冻害后应采取什么补救措施?

(1)锯干和涂伤口保护剂　脐橙树遭受冻害后，地上部分枝干受到不同程度的损伤或枯死，但此时，根系尚未受冻，仍处于完好状态，只要采取适当的补救措施，就能使树体萌发新枝，恢复树冠，减轻冻害。对已受冻的枝干，在新梢萌芽的生死界线分明时，应适时地进行修剪，即剪去枯枝或锯去枯干。这样，有利于树体积累养分，并可促进新梢提早萌芽。锯干的伤口应及时涂刷保护剂，减少水分蒸发和防御病虫害，并可保护伤口防止腐烂。保护剂可选用油漆，或 3～5 波美度石硫合剂。在遭受较大冻害后，对于完全断裂枝干，应及早锯断，削平伤口，并涂以保护剂。对于已撕裂未断的枝干，不要轻易锯掉，应先用绳索或支柱撑起，恢复原状，然后在受伤处涂上鲜牛粪、黄泥浆等，促其愈合，恢复生长。对断枝断口下方抽生的新梢应适当保留，以便更新复壮。

(2)合理疏花疏果　脐橙成年树受冻后，应控制结果量。春季可疏剪一部分较弱的结果母枝和坐果率低的花枝，减少花量，节约养分，尽快使树体恢复生长，促进损伤部分愈合。

(3)加强肥水管理　脐橙树受冻后，在春季萌芽前应早施肥，使叶芽萌发整齐。展叶时追施 1 次氮肥，注意浓度不宜过大，可树冠叶面喷施 0.3%尿素＋0.2%磷酸二氢钾混合液，也可喷施有机营养肥，如叶霸、绿丰素、氨基酸、倍力钙等，以利树体恢复。对于土壤缺水的园地应及时补充水分。

(4)防治病虫害　脐橙树受冻后，必然会造成一些枝干枯死或损伤，成为病菌滋生的场所。对于枝干裸露部分，夏季高温季节易引起日灼裂皮，继而引发树脂病。防治日灼裂皮，可用生石灰15～20 千克、食盐 0.25 千克、石硫合剂渣液 1 千克，加水 50 升配制刷白剂，涂刷枝干。防治树脂病可用 50%多菌灵可湿性粉剂 100～200 倍液，或 50%硫菌灵可湿性粉剂 100 倍液。同时，对于枝干枯死部分，应及时剪去，彻底清除病原。对受冻严重的 1～2 年生脐橙幼龄树，及时挖除，进行补栽。

(5)松土保温　脐橙树受冻后，枝叶减少，树体较弱，应及时地进行松土，提高地温，增加土壤的通气性，有利于根系生长，恢复

树势。

3. 遭受旱害后的脐橙树应怎样进行护理?

对遭受旱害后的脐橙树,应及时采取护理措施,使其尽快恢复树体生长。

(1)及时供水　脐橙树受到干旱后,应及时用沟灌或喷灌方法供水。由于树体的根系受到一定的损伤,补水量应逐次增加,不可突然大量供水,以免继续伤害根系和叶片。

(2)增施肥料　增加施肥,可以促进脐橙树恢复生机。每隔7～10天,叶面喷施1次0.3%尿素+0.2%磷酸二氢钾混合液。结合浇水,施壮果促梢肥防止秋旱,施采果肥防止冬旱。根际施肥每次每株施腐熟的20%人、畜粪水加200克尿素。追施水肥,有利于脐橙根系尽快吸收利用。

(3)喷施植物生长调节剂　可使用2,4-D药剂10～15毫克/升溶液,喷布树冠,防止叶片脱落。

(4)合理修剪枝叶　7月中下旬结合夏季修剪,对受中度旱害的脐橙树,修剪宜轻,尽量保留现有枝叶,对受重度旱害的树,应适度回缩2～3年生枝,促进树冠内膛多发枝梢。

(5)保护树体　脐橙树主干刷白涂剂,减少辐射热。对受旱害的脐橙树,由于枯枝、落叶较多,容易受日光灼伤,因此应及时在枝干伤口处涂抹70%硫菌灵可湿性粉剂20倍液,加以保护。涂抹后再用黑色塑料薄膜包扎,以促进伤口愈合。

4. 脐橙园受涝后应采取什么补救措施?

脐橙园受涝后,应及时地采取有效补救措施,减轻对树体的伤害。

(1)及时清沟排水　地下水位高的脐橙园,尤其是在大雨过后,脐橙遭受洪涝灾害时,要及时疏通沟渠,清理沟中障碍物,排除积水。同时,尽可能地洗去积留在树枝上的泥土杂物。若洪水不能自行排出,要及时用人工或机械进行排除,以减轻涝害造成的损失。

(2)及时耕翻　受涝害的脐橙园,在水退时迅速清除园内杂物,利用洪水泼洗被污染的枝叶,清洗泥渍;果园积水清退后,对冲倒的植株培土扶正护根。在土壤干爽后,应及时进行松土浅翻,让根部土壤恢复通气,解决淹水后土壤板结、毛细管堵塞的问题,以利土壤水分蒸发。但翻土不宜过深,以免伤根过多。15 天后淋施绿维康液肥 1 000 倍液含有生根粉的腐熟有机液肥,促进根的生长。

(3)叶面喷施有机营养液　受淹的脐橙园,土壤养分流失多,肥力下降,土壤结构变差。加上受淹脐橙树的根系受损,吸收能力减弱,不宜立即土壤施肥。可叶面喷施 0.3%尿素+0.2%磷酸二氢钾混合液,或喷施有机液体肥料,可施用 800 倍液的农人液肥。如果在叶面肥中加 0.04 毫克/千克芸薹素内酯,可增强根系活力,补充树体营养,效果更好。此外,也可树冠喷施有机营养液,如叶霸、绿丰素、氨基酸、倍力钙等,以利树体恢复。待根系吸收能力恢复后,可浇施腐熟有机液肥,诱发新根。

(4)疏果修枝　受淹的脐橙幼树,尤其是被洪水冲倒或露根的植株,采取疏枝回缩修剪,对长势差、树脂病严重的脐橙树,要及时地进行疏果,减少树体负载量。同时,对受淹后落叶严重的脐橙树,要剪除丛生枝、交叉枝和衰弱枝,以减少树体养分消耗,促使树体恢复。

(5)保护树体　脐橙园受涝后,对倾倒的树应及早扶正,对根系裸露的树应及早培土遮盖,对落叶严重的树可进行树干涂白。对枝干伤口,可涂 70%硫菌灵可湿性粉剂 20 倍液,然后用黑薄膜或稻草绳严密包扎,以免开裂染病。

附 录

附录1 果园草害及防治

一、果园草害

果园草害是指果园杂草过度生长对果树生长发育造成的不良影响。由于果树单株间距较大,给杂草生长留下了较大空间,若不及时防除,就会造成草荒。

果园杂草种类繁多,有1年生杂草和多年生宿根杂草。常见的果园杂草有狗牙根、黄蒿、艾蒿、白茅、香附子、狗尾草、莎草、藜、荠菜、牛筋草、马唐、空心莲子草等。这些杂草以种子或根繁殖,在适宜条件下,杂草生长繁殖速度极快。据报道,1株马唐或马齿苋1次可产生种子2万~30万粒。一些植株高大的杂草,需肥水量较大,并占据一定的生长空间,除了与果树争肥水外,还影响果树生长,特别是对幼树生长影响更大。此外,杂草还给果树病菌和害虫提供了生存或越冬场所。

二、果园杂草防治

为了防止杂草无限制生长与果树竞争肥水,保证果树健壮生长，必须采取措施抑制杂草生长蔓延。目前，果园杂草防除通常与土壤管理结合进行，一般采用清耕、行间间作其他作物、地面覆盖、行间生草和化学除草等防治方法。①果园清耕是杂草防除的常用方法，此法用工量大，1 年需要除草 5～8 次。②果园间作其他作物，适宜于幼龄果园，间作作物以豆科植物、薯类、蔬菜较好，不宜间作玉米、高粱等高秆作物。③地面覆盖是栽培管理条件较好的果园采取的一种措施，覆盖物以作物秸秆、割下的杂草或绿肥植物为主。地面覆盖后，能明显抑制杂草生长，减少水分蒸发，缩小地面温差。秋冬季将覆盖物深翻于地下，还能增加土壤有机质含量，改善土壤通透性。④行间生草是近几年推广的果树管理新技术，即在果树间种植多年生牧草（一般是豆科），树冠下实行清耕。在牧草生长到一定高度时刈割，留茬高 10 厘米左右。未割下的生草可抑制杂草生长，保土保湿，减少水分蒸发。同时，也为害虫的天敌提供了食料和活动场所。实践证明，生草果园天敌数量明显多于清耕果园。⑤化学除草是利用化学除草剂抑制杂草生长的方法，需根据杂草种类和危害情况，果树树种或品种，土壤类型及气象条件来选择除草剂种类。化学除草的优点是除草效果好，省工，但除草剂选择或施药方法不当易出现药害。现代果树栽培提倡以树干为中心，在树冠下使用除草剂，在树行间种植牧草的栽培模式。

三、果园常用除草剂及使用

1. 百 草 枯

（1）作用原理　百草枯（克芜踪、对草快）为触杀型灭生性联吡啶类除草剂，其联吡啶阳离子能被植物绿色部分迅速吸收，破坏叶绿体层膜，使光合作用和叶绿素合成很快停止。光照是发挥药效的重要条件，施药几小时后杂草的叶片即开始变色、枯萎。此药剂

对单子叶和双子叶植物的绿色组织均有很强的破坏作用，但不能传导，因而只能杀死地上绿色茎叶部分，不能毒杀地下根茎和潜贮种子，也不能透入已经成熟的树皮。此药剂接触土壤即失去活性，无残留。果园施药后很短时间内便可播种行间作物。

(2)含量与剂型　20％水剂、17％水剂等。

(3)使用方法　对单子叶和双子叶各种杂草均有效，对1～2年生杂草药效特别显著，对多年生深根恶性杂草只能杀死地上绿色茎叶部分，不能毒杀地下根茎。在杂草出苗后至开花前均可喷药，在杂草株高15厘米左右时喷药效果最好，杂草株高30厘米以上时用药量要高。每667米^{2}用20％百草枯水剂100～300毫升，加水30～50升，均匀喷洒杂草茎叶。气温高，阳光充足，有利于药效发挥。

(4)注意事项　①药液绝对不能喷到果树树冠上，也不能喷到幼龄果树树皮上，以免发生药害。②施药1小时后下雨对药效影响不大。喷药后24小时内，人、畜禁止进入施药地块。勿将药瓶或剩下的药液倒入池塘和沟渠中，用过的药械要彻底清洗。

2. 草甘膦

(1)作用原理　草甘膦(镇草宁、农达、春多多)为内吸传导型广谱灭生性有机磷类除草剂。主要通过抑制植物体内烯醇丙酮基莽草素磷酸合成酶，从而抑制莽草素向苯丙氨酸、酪氨酸及色氨酸的转化，使蛋白质的合成受到干扰，导致植物死亡。植物绿色部分均能很好地吸收草甘膦，但以叶片吸收为主，吸收的药剂从韧皮部很快传导，24小时内大部分转移到地下根和地下茎。杂草中毒症状表现较慢，1年生杂草一般3～4天后开始出现症状，15～20天全株枯死；多年生杂草3～7天后开始出现症状，地上部叶片先逐渐枯黄，继而变褐，最后倒伏，地下部分腐烂，一般30天左右地上部基本干枯，枯死时间与施药量和气温有关。此药剂接触土壤即失去活性，对土壤中潜藏种子无杀伤作用。草甘膦杀草范围广，能灭除1～2年生和多年生的禾本科、莎草科、阔叶杂草以及藻类、蕨类植物和灌木，特别对深根的恶性杂草如白茅、狗芽根、香附子、芦苇、铺地黍等有良好的防除效果。

(2)含量与剂型　10％水剂，41％水剂等。

(3)使用方法　草甘膦在杂草生长最旺盛时施药效果好，随着杂草长大和成熟，需较高的用药量，杂草株高15厘米左右时喷药效果最好。多年生杂草施药过早，虽然杀死杂草的地上部分，但由于根茎未被杀死，仍能再生；施药过晚，杂草的茎秆木质化，不利于药剂在植株中传导。用药量视不同的杂草群落而有差异，以阔叶杂草为主的果园，每667米^{2}用10％草甘膦水剂750～1 000毫升；以1～2年生禾本科杂草为主的果园，每667米^{2}用10％草甘膦水剂1 500～2 000毫升；以多年生深根杂草为主的果园，每667米^{2}用10％草甘膦水剂2 000～2 500毫升。施药时，先将药剂加30～50升水稀释成药液，再加入用水量0.2％的洗衣粉作表面活性剂，均匀喷洒到杂草茎叶。天气干旱，杂草生长不旺时，可在不增加剂量的情况下分次施药，第一次施全药量的30％～40％，隔3～5天再施1次，这样有利于药剂的吸收与传导，提高除草效果。

(4)注意事项　①施药时注意风向，并尽量低喷，药液只能触及杂草，绝对不能接触或飘移到果树树皮、嫩枝、新叶片和生长点，以免发生药害。②施药后6小时内如遇大雨会影响药效，应考虑重喷。杂草叶面药液干后遇毛毛雨，对药效影响不大。③药液用清水配制，勿用硬水和泥浆水配药，否则会降低药效，药液要当天配当天用完。④喷药后应立即清洗喷药器械。

3. 烯禾啶

(1)作用原理　烯禾啶为选择性强的内吸传导型茎叶处理除草剂。药剂能被禾本科杂草茎叶迅速吸收，并传导到顶端和节间分生组织，使其细胞分裂遭到破坏。受药植株3天后停止生长，7天后新叶褪色，2～3周内全部枯死。本剂在禾本科与双子叶植物

间选择性很高，对阔叶作物安全。该药施入土壤很快分解失效，在土壤中持效期短，宜做茎叶喷雾处理。施药后 1 个月播种禾本科作物无影响，施药当天可播种阔叶作物。可用于果园防治稗草、野燕麦、马唐、狗尾草、牛筋草、看麦娘等杂草。适当提高用药量，可防治白茅、狗牙根等多年生杂草。

(2)含量与剂型　20%乳油、12.5%机油乳剂等。

(3)使用方法　烯禾啶传导性较强，在禾本科杂草 2 片叶至 2 个分蘖期间均可施药，施药后降雨基本不影响药效。果园间作大豆、花生、油菜时，每 667 米^2 用 20%乳油 100～153 毫升，加水 40 升，无间作作物时可适当提高用量。

(4)注意事项　以早、晚施药为好，中午或气温高时不宜施药。干旱或杂草较大时杂草的抗药性强，用药量应酌加。施药作业时药液雾滴不能飘移到邻近的单子叶作物上。

附录2 石硫合剂、波尔多液的使用

一、石硫合剂

1. 性质和作用 石硫合剂由硫磺、生石灰和水熬制而成，为棕色液体，具强烈臭鸡蛋气味。主要成分为多硫化钙（以五硫化钙为主），还含有少量硫酸钙、亚硫酸钙和硫代硫酸钙。呈碱性，在空气中易被氧化，生成硫酸钙和游离的硫磺，特别是在高温和日光照射下更不稳定。本药剂低毒，但对皮肤有强烈腐蚀性，对眼睛、鼻黏膜有刺激作用。药液喷到植物上后，受空气中氧气、水和二氧化碳等因素影响，发生一系列化学变化，产生微细的硫磺沉淀，并放出少量硫化氢，起到杀菌、杀虫作用。同时，因药剂有强碱性，可侵蚀昆虫表皮的蜡质层，因此对有厚蜡质层的介壳虫和一些虫卵也有较好的防治效果。

2. 含量与剂型 石硫合剂为水剂，含量用波美度表示。用波美比重计测定其波美度的度数，一般自己熬制的石硫合剂原液为24～32波美度。

3. 配制方法 原则上按石灰、硫磺、水为1∶2∶10的比例配制。配制方法是：先将1千克生石灰加水溶化并煮沸，然后将过筛的硫磺粉2千克加少量水调成糊状，慢慢倒入沸腾的石灰乳中，不断搅拌，同时标定水面高度，并随时添加沸水补充蒸发的水量，熬煮40～50分钟，药液由淡黄色变成琥珀色时即可停火。冷却后用纱布过滤去渣，澄清液即为石硫合剂原液（又称母液），用波美计测定其波美度，以备稀释使用，一般原液浓度为26～28波美度。

4. 使用方法 防治脐橙炭疽病、疮痂病、树脂病及橘柑害螨，可于春秋季喷布石硫合剂 0.3～0.5 波美度液，夏季高温时喷 0.2～0.3 波美度液，冬季防治用 5 波美度液。

5. 注意事项 ①石硫合剂对金属容器腐蚀性强，熬制和盛装均不能用铜、铝器具。喷雾器用完后要及时清洗，原液沾污皮肤和衣服及时用水清洗。②贮存原液用小口塑料桶或石罐，液面加少许植物油，与空气隔绝，以防降低药效。③本制剂为强碱性，不能与忌碱性农药混用，也不能与铜制剂混用。果树喷本制剂 7～10 天后，才能喷施波尔多液，喷施波尔多液 15～20 天后，方可喷本制剂，否则易出现药害。④本制剂对敏感果树品种和一些不熟悉本制剂药性反应的品种，使用前应做药害试验。⑤在气温高于 32℃以上时慎用，以防果面出现药害。⑥施药时应遵守安全用药规则，施药结束应认真洗手、洗脸，以防药液腐蚀皮肤。⑦本药原液和稀释后的使用药液浓度，以波美度表示。在没有波美比重计测定的情况下，可用以下简易方法测定已熬制好的原液度数：先用 1 个啤酒瓶，称其重量，装满水后再称重，然后装满熬制的石硫合剂原液并称重，最后按下列公式计算石硫合剂比重和石硫合剂的波美度。

$$\text{石硫合剂比重}=\frac{\text{同体积石硫合剂重量}}{\text{同体积水重量}}$$

$$\text{石硫合剂波美度}=\frac{146}{\text{石硫合剂比重}}-1$$

知道石硫合剂原液波美度，按下列公式计算使用时需加水倍数(重量)

$$\text{加水稀释倍数(按重量)}=\frac{\text{原液波美度数}}{\text{所需药液波美度数}}-1$$

二、波尔多液

1. 性质和作用 波尔多液是用硫酸铜和石灰乳配制而成的天蓝色药液。配制好的药液放置时间过久，悬浮的碱式硫酸铜小颗粒易沉淀、结晶，药液性质会发生变化，在植物体表的黏着力降低，影响药效。本剂对人、畜基本无毒，但大量口服可引起胃肠炎而使人致命。不同种类植物对波尔多液的反应不一样，使用中要注意铜离子和石灰对作物的敏感性和药害。对石灰敏感的作物如葡萄，使用波尔多液后，在高温干燥条件下易发生药害，可用石灰少量式或半量式波尔多液。对铜敏感的果树有桃、李、苹果、梨、柿子等，这些果树在潮湿、多雨条件下，因铜的离解度增大，铜离子对叶、果表皮渗透力增加，而出现药害。

波尔多液是一种广谱性、保护性杀菌剂，喷到作物表面以后，能黏附在植物体表，形成一层保护膜，不易被雨水冲刷掉，其有效成分碱式硫酸铜逐渐释放出铜离子杀菌，起到防治病害的作用。该药液持效期较长，倍量式或多量式波尔多液的持效期一般可达15天左右，在干旱情况下可达20天。

2. 含量与剂型 波尔多液为不同含量的碱式硫酸铜悬浮液。

3. 配制方法 采用两液同注法或硫酸铜液倒入浓石灰乳中均可。配制时，不可用金属容器，宜用陶瓷器、木桶或水泥池。先用少量热水将0.5千克硫酸铜溶化成硫酸铜液，倒入盛有约25升水的木桶(或缸)中，再用少量水将0.5千克生石灰化开成糊状，倒入另一只盛有约25升水的木桶(或缸)中，然后将两种溶液同时徐徐倒入第三只容器中，边倒边搅拌，配成天蓝色药液待用。也可用两只木桶或两只缸，先将0.5千克硫酸铜用少量热水溶化成硫酸铜液，倒入盛有约45升水的容器中，再将0.5千克生石灰用少量水化开，倒入另一只盛有约5升水的容器中，冷却后，将硫酸铜溶

液慢慢倒入石灰乳中，边倒边用木棍激烈搅拌，直至成天蓝色为止，即为1：1：100等量式波尔多液。1：2：100倍量式波尔多液的配制方法与上述方法相同，只是在上述配制的基础上增加0.5千克石灰即可。

4. 使用方法 脐橙在春、夏、秋梢抽出1.5～3厘米时，分别喷施1次1：1：200波尔多液，谢花2/3时喷施1次1：1：200波尔多液，可防治脐橙溃疡病。在春梢萌动、芽长0.5厘米时，喷施1：1：200波尔多液，谢花2/3时喷施1：1：300波尔多液，可防治脐橙疮痂病。防治脐橙树脂病，应在剪除病死枝条后，喷施1：1：100～200波尔多液。防治脐橙炭疽病，应于春、夏、秋梢嫩梢期、幼果期及8～9月份，每隔15～20天喷1次1：0.5：200波尔多液。防治脐橙苗立枯病，应于发病初期喷施1：1：200波尔多液。

5. 注意事项 ①阴雨天、雾天或露水未干时喷洒波尔多液，药液中铜离子释放速度及对叶、果部位的渗透性加大，易发生药害；盛夏气温过高时，喷药易破坏树体水分平衡、灼伤叶片和果实。因此，在这些气候条件下不宜喷洒波尔多液，花期也不宜喷洒波尔多液。②波尔多液对喷雾机具有腐蚀作用，喷完药后，器具需用清水里外冲洗干净。③波尔多液为碱性，不能与怕碱的其他农药混用；不能与石硫合剂混用，与石硫合剂交替使用时要注意间隔天数。不能与怕铜农药混用。④喷药时，需遵守农药安全使用规则，戴防护用具，不吸烟，不吃食物，喷完用肥皂水洗手、洗脸。⑤剩余药液不能倾倒水塘、河流中，以防杀伤水中生物。⑥配制波尔多液时，注意将稀硫酸铜溶液往浓石灰乳中倒，边倒边搅拌，或同时倒入第三个容器中，配出的药液呈天蓝色，且不易沉淀。所用的生石灰要选用白色的块灰，配出的波尔多液应经两层纱布过滤后再用，以防堵塞喷头孔。

附录3　植物生长调节剂溶液的配制

一、剂型与配制方法

目前市场上出售的植物生长调节剂种类较多，同一种药剂因生产工艺不同，剂型、有效成分也不同，使用方法随之也不同。市面出售的植物生长调节剂的剂型多为粉剂和水剂，仅有少数为油剂或气态剂。由于大多数粉剂不能直接溶于水，应先将其用少量有机溶剂（如丙酮、酒精）或稀酸中溶解，再按比例对水稀释至所需浓度。水剂则能直接溶于水，使用方便。为了使药液易于黏附在植物体表面，可在药液中加入少许中性肥皂、洗衣粉、烷基磺酸钠等乳化剂，或吐温20、吐温80等表面活性剂，或其他辅助剂，以增加药液的附着力。

二、配制药液的一些基本概念

1. 稀释液　植物生长调节剂的粉剂或水剂加水稀释配成所需浓度的药液称为稀释液。

2. 稀释倍数　称取一定重量的粉剂或水剂，按同样的重量单位（容量单位）的倍数计算加水稀释成稀释液，加水量相当于药剂用量的倍数，叫稀释倍数。如1毫升水剂用1 000毫升水稀释就是1 000倍液，1千克粉剂用250升水稀释就是250倍液。

3. 有效成分浓度　指植物生长调节剂稀释液中有效成分的含量之比，习惯用百分数（%）或百万分数（毫克/千克，毫克/升，微升/升)表示,如千分之二用0.2%表示,万分之三用0.03%表示。含量太小的用百万分数来表示。

4. 原液 未加水稀释的植物生长调节剂水剂或油剂统称原液。

5. 母液 水剂、油剂、粉剂或其他农药原液先加较小量的水稀释成高浓度的稀释液,但不能使用,尚待继续加水稀释成所需要的浓度后才能喷用的这种高浓度药液,统称母液。

三、药液配制的计算公式

公式1:

$$\text{加水稀释倍数}=\frac{\text{商品原药的有效成分含量(\%,毫克/升)}}{\text{稀释液有效成分浓度(\%,毫克/升)}}$$

$$\text{稀释倍数}=\frac{\text{稀释加水量(千克,毫升)}}{\text{商品原药用量(千克,毫升)}}$$

公式2:

$$\text{稀释液有效成分浓度(\%)}=\frac{\text{商品原药的有效成分含量(\%)}}{\text{加水稀释倍数}}$$

公式3:

$$\text{商品原药用量(千克)}=\frac{\text{容器中的水量(千克)}}{\text{加水稀释倍数}}$$

公式4:

$$\text{商品原药用量(毫升或克)}=$$

$$\frac{\text{容器中的水量(千克)}\times\text{药液有效成分浓度(毫克/千克)}}{\text{商品原药含量(\%)}\times 1000}$$

附录4　农药的稀释方法

一、药剂施用浓度的表示方法

农药施用浓度通常有百分比浓度、百万分比浓度和倍数法3种表示方法。

1. 百分比浓度　表示100份药液中含有效成分的份数，符号为%。容量百分比浓度指100份体积单位药剂含有效成分体积单位数，符号为%(v/v)。质量百分比浓度指100份质量单位药剂含有效成分质量单位数，符号为%(m/m)。如40%(m/m)乙草胺乳油表示100克乙草胺乳油含40克乙草胺。(m/m)经常省略。

2. 百万分比浓度　表示100万份药液中含有效成分的份数，符号为毫克/千克或微升/升(即ppm)。如阿维菌素200毫克/千克(或200ppm)溶液，表示100万份药液中含有阿维菌素200份。

3. 倍数法　指稀释剂的量为被稀释药剂的倍数。如4.5%高效氯氰菊酯乳油1 500倍液，指1份4.5%高效氯氰菊酯乳油加1 500份水配制成的药液。

二、稀释方法

1. 内比法　稀释倍数较低(低于100倍)时，计算稀释剂用量时扣除原药剂所占份数。如将10%辛硫磷乳油稀释为含辛硫磷1%药液时，则用1份10%辛硫磷乳油加9份稀释剂(水)。

2. 外比法　稀释倍数较高时，计算稀释剂用量时不扣除原药

剂所占份数。如将4.5%高效氯氰菊酯乳油稀释成1 500倍液，则用1份4.5%高效氯氰菊酯乳油加1 500份水配制即可。

三、相关计算

1. 有效成分质量计算

有效成分质量＝药液体积（毫升）×药液密度×药液浓度

如药液密度接近1时则上式可近似简化为：

有效成分质量＝药液体积（毫升）×药液浓度

如7.5%三乙膦酸铝水剂100毫升中含有效成分质量：

$$100\times 7.5\%=7.5（克）$$

2. 计算农药稀释剂用量

（1）内比法

①浓度法

$$稀释剂用量=\frac{原药重量\times(原药浓度-配制药液浓度)}{配制药液浓度}$$

例：5千克50%多菌灵可湿性粉剂，配制成0.5%药液，需加水的量为：

$$\frac{5\times(50\%-0.5\%)}{0.5\%}=495（升）$$

②倍数法

稀释剂用量＝原药份数×（稀释倍数－1）

例：5千克石硫合剂稀释成75倍液时需加水量为：

$$5\times(75-1)=370（升）$$

(2)外 比 法

①浓 度 法

$$稀释剂用量=\frac{原药重量\times原药浓度}{配制药液浓度}$$

例:将 5 克 85%红霉素制剂配成 200 微升/升时需加水量为:

$$\frac{5\times85\%\times1000000}{200}=21250(毫升)$$

②倍 数 法

$$稀释剂用量=原药份数\times稀释倍数$$

例:将 5 克灰霉克配成 600 倍液时需水量为:

$$5\times600=3000(毫升)$$

3. 计算原药剂用量

(1)浓 度 法

$$原药剂用量=\frac{配制药剂重量\times配制药剂浓度}{原药剂浓度}$$

例:配制 1.5%噻菌灵药液 50 千克,需 45%噻菌灵悬浮剂质量为:

$$\frac{50\times1.5\%}{45\%}=1.67(克)$$

(2)倍 数 法

$$原药剂用量=\frac{配制药剂重量}{稀释倍数}$$

例:1 000 克由敌百虫稀释 1 000 倍液,配制时需敌百虫质量为:

$$\frac{1000}{1000}=1(克)$$

4. 计算稀释倍数

(1)浓度比法

$$稀释倍数=\frac{原药剂浓度}{配制药剂浓度}$$

例:敌百虫的有效成分含量为 25%,若配成有效成分含量为 0.1%时,稀释倍数为:

$$\frac{25\%}{0.1\%}=250(倍)$$

(2)重量比法

$$稀释倍数=\frac{配制药剂重量}{原药剂重量}$$

例:用 10%草甘膦粉剂防除果园杂草,每 667 米^2 用药量 0.5 千克,用药液 50 千克,则稀释倍数为:

$$\frac{50}{0.5}=100(倍)$$

5. 低浓度药剂+高浓度药剂计算

$$高浓度药剂量=\frac{配制药剂重量\times(配制药剂浓度-低浓度药剂浓度)}{高浓度药剂浓度-低浓度药剂浓度}$$

$$低浓度药剂剂量=配制药剂重量-高浓度药剂重量$$

例:用 2%和 10%苯螨特药液配制 7%杀虫双药液 20 千克,则 10%苯螨特药液用量为:

$$\frac{20\times(7\%-2\%)}{10\%-2\%}=12.5(千克)$$

2%苯螨特药液用量为:

$$20-12.5=7.5(千克)$$

附录5　脐橙园机械与使用

脐橙机械化生产，可大大提高效率、降低成本，产生显著的经济效益。脐橙生产机械化技术配套机具按生产环节可分为脐橙园开发机械、脐橙园管理机械、脐橙果实商品化处理机械三大类。主要介绍脐橙园开发机械、脐橙园管理机械。

一、脐橙园开发机械

脐橙园开发机械主要有挖斗宽为1米和0.4米2种型号的挖掘机及推土机、打穴机、中型拖拉机。

1. 道路开挖　按照脐橙园面积大小，设置园区干道、支道和工作道，用推土机推出宽6米的园区干道，与交通干道连接贯通全园；用推土机推出支道宽4米，连接干道，通向各小区；用推土机推出操作道宽1～2米，与干道、支道和每块梯田相连，是垂直于坡面的纵向便道。

2. 反坡梯田的修筑　在规划好的地块，以等高线为梯田中心线用推土机、中型挖掘机修筑梯田。修筑时先将表土层集中，然后将等高线上方的土壤往下倒，逐步修成内低外高，里外高差0.2米左右的反坡梯田带。

3. 定植沟开挖　以梯田带外侧1/3～2/5处为中心，用大、中型挖掘机开挖宽1米以上、深0.8米以上，沟壁陡直，上下等宽的定植沟。如果是在坡度平缓的地形上可沿等高线，按行距直接用大、中型挖掘机开挖定植沟。

4. 环山截流沟的开挖　丘陵山地脐橙园，在最上层梯台的上

方和山脚环山道路的内侧，用中型挖掘机各开挖1条横山排蓄水沟，以防止山洪冲刷园内梯台和道路，也可用于蓄水防旱。横沟大小根据上方集雨面积而定，一般沟面宽1.5米、底宽1米、深1米。山脚环山道路内侧沟可小些。横沟不必挖通（尤其是山腰横沟），每隔10米左右留一堤挡，比沟面低0.4米，排蓄雨水。横沟要与纵沟相通，有利于排出过多的蓄水。

5. 梯田背沟的开挖 在定植沟（穴）按生产要求压青回填后，在梯带内侧用小型挖掘机挖出梯台背沟，俗称竹节沟。用于蓄水和下雨时拦截雨水和泥沙，与纵沟相连，沟深0.3～0.4米、宽0.4～0.5米，每隔3～5米挖1个深坑。

二、脐橙园管理机械

脐橙园管理机械主要有四轮驱动拖拉机、旋耕机、果园小型管理机、小型挖掘机、打穴机、三铧犁、机动柱塞泵、喷灌机、喷雾喷粉机、自走弥雾机、小型割草机、诱灭虫灯、驱虫灯、果树篱剪机、手动枝剪、气动机剪、液压长臂剪、各种喷灌及滴灌、微喷管路及配件、喷洒水车。

目前生产中用得最多的是灌溉机械、植保机械。

1. 灌溉机械 在规划机械化灌溉系统时，由于果园初期不需要灌溉系统发挥所有功能，加上要有一定的投入，这对一些条件有限的果农增加了负担。所以，在果园初建时，可以考虑灌溉系统不一步到位。但是初建果园时，在果带行端两头应首先铺设好主管道并留设管口，以利于后期建设灌溉系统。

江西省赣南地区脐橙园地处丘陵山区，水源水量在一定程度上影响果园浇灌。应在附近的江、河筑坝，修建提水站引水，或尽量利用地形修建山塘、水库蓄水。也可利用上方高水源头，引水至果园，进行自流灌溉。目前多采用高压水泵或喷灌机组从江河、库塘及井泉抽水，通过铺设主管纵向通往果园地头，在果树行头的每侧留有出水口，接上皮管浇灌，此法操作简单，经济实用。有条件的脐橙园可建立微灌系统，这是当前最先进的脐橙园机械化灌溉形式。

微灌是根据作物需水要求，通过低压管道系统与安装在本级管道上的特制灌水器，将水和作物生长所需的养分以较小的流量均匀准确地直接输送到作物根部附近的土壤表面或土层中的灌溉方法。微灌具有节水、节能、增产、节省劳动力和适应复杂地形等优点，微灌系统通常包括水源工程、首部枢纽、输配水管网和灌水装置（灌水器）4 部分。

（1）水源工程　河流、湖泊、塘堰、渠道、井泉等，只要水质符合微灌和无公害要求，均可作为微灌的水源。为了充分利用这些水源，有时需要修建引水、蓄水、提水工程以及相应的输配电工程等，这些统称为水源工程。

（2）首部枢纽　微灌系统首部是由机泵、控制阀门、水质净化装置、施肥装置、测量和保护设备所组成。首部担负着整个微灌系统的运行、检测和调控任务，是全系统的控制调度中枢，除水泵、动力设备、各种阀门、水表、压力表等为通用设备外，其余为微灌专用设备。

（3）输配水管网　输配水管网包括干管、支管、毛管等输、配水管道及其连接管件，在整个微灌系统中用量多，占投资比例较大，而且规格繁杂，生产中选用时应根据管道和管件的型号、规格、性能，进行技术和经济比较。使用最多的管材是黑色聚乙烯（PE）塑料管，这是目前我国微灌系统使用的主要管材。各种规格的管材均有配套的接头、三通、弯头、旁通和堵头等附属管件，安装方便。

（4）灌水装置　利用微灌系统，将可溶性肥料或农药液体按一定剂量通过特定的设备加入微灌系统，随灌水一起施入果园。不仅提高了水的利用率，而且提高了肥料的利用率。灌溉形式主要

采取微高喷、微低喷和小管出流灌3种。

微高喷是把喷头装在树冠区喷水，形成水雾弥漫，在夏季早期可使果园温度降低2℃～4℃，还可调节空气湿度，利于果树生长。微低喷是把喷头装在树冠下距地面0.2～0.3米处，微低喷能保证根系土壤湿润，水分利用率高，而且节省部分输水毛管。小管出流灌采用直径4毫米的细管与毛管连接作为灌水器，以小股水流注入脐橙根区四周小环形浅沟内湿润土壤，流量为80～150升/小时，大于土壤入渗速度。

2. 脐橙园植保机械 脐橙园植保机械包括手动、机动喷雾器（机）、弥雾机、注液机等机型。目前江西省赣南地区脐橙园主要采用管道喷药技术。果园暗管喷药是一项快速喷药技术，方法是在地下埋设塑料管道，用药泵加压带动多个喷枪同时喷药，把药液送到全园，高速及时地防治病虫害。

(1)机房控制系统　由水源、电源、药池、电机、药泵组成，由1人操纵。

(2)地下管道系统　采用耐高压、耐腐蚀的塑料管道，由地下直通果园各个小区，然后根据每个喷枪的控制范围，由地下立到地上（此部分称立杆），一般每根立杆的控制范围0.1～0.2公顷。

(3)作业方法　工作时，药泵启动，用高压将药池内的药液输入地下管道，送到指定地点。一组药泵的控制面积为13.3～33.3公顷。一般10公顷以下面积的果园选用2MB 240型隔膜泵，10公顷以上的果园选用2MB 240型隔膜泵作为药泵。地面高压软管与喷枪连接，接受自立杆传输来的药液。喷枪支数可以视情况增减，多的可达10多支。采用暗管喷药，可使机动植保机械不必进果园，解决了密植果园机器进园难的问题，而且喷药的速度加快。一般一套管道喷药装置可带6～8支喷枪同时作业，节约了混药和加水往返用工，日作业量可达6.5公顷以上，比普通植保机械提高工效1倍。该项技术适用于各种果园，有专用的埋管机作业埋管，整个工程可使用 30 年以上。据试验，该项技术采用后，脐橙果实好果率提高 15%以上，产量增加 10%左右。

三、果品商品化处理机械

脐橙果实商品化处理机械设备主要有各种手动及机械枝剪、小吨位运输工具、分级机、冷库制冷设备、冷藏车及洗果、打蜡、包装机械等。